燃气行业从业人员专业培训教材

燃气管网运行

主　编　宋克农　谭丽娜

中国环境出版集团·北京

图书在版编目（CIP）数据

燃气管网运行/宋克农，谭丽娜主编. —北京：中国环境出版集团，2024.1

燃气行业从业人员专业培训教材

ISBN 978-7-5111-5549-8

Ⅰ. ①燃…　Ⅱ. ①宋…　②谭…　Ⅲ. ①城市燃气—管网—技术培训—教材　Ⅳ. ①TU996.6

中国国家版本馆 CIP 数据核字（2023）第 116346 号

出 版 人　武德凯
责任编辑　易　萌
封面设计　彭　杉

出版发行　中国环境出版集团
（100062　北京市东城区广渠门内大街 16 号）
网　　址：http：//www.cesp.com.cn
电子邮箱：bjgl@cesp.com.cn
联系电话：010-67112765（编辑管理部）
010-67112739（第三分社）
发行热线：010-67125803，010-67113405（传真）

印　　刷　玖龙（天津）印刷有限公司
经　　销　各地新华书店
版　　次　2024 年 1 月第 1 版
印　　次　2024 年 1 月第 1 次印刷
开　　本　880×1230　1/32
印　　张　9.25
字　　数　233 千字
定　　价　33.00 元

“燃气行业从业人员专业培训教材”
编 委 会

《燃气管网运行》
编 委 会

主　编：宋克农　谭丽娜

副主编：李新强　石志俭　杜　彦　王雪林

参　编：张　伟　甄晓彤　张　超　张森娜　张成宝

主　审：刘庆堂　孔祥民　毕四宝

序　言

燃气是重要的清洁能源之一，在一次能源结构中的占比不断提高。城镇燃气安全稳定供应，事关能源结构调整、清洁能源高效利用、改善和保障民生、社会和谐稳定，意义重大。中共中央、国务院高度重视燃气安全。燃气安全事故一旦发生，就会给人民群众生命财产安全造成损失。国务院颁布的《城镇燃气管理条例》第十五条规定“企业的主要负责人、安全生产管理人员以及运行、维护和抢修人员经专业培训并考核合格”，第二十七条规定“单位燃气用户还应当建立健全安全管理制度，加强对操作维护人员燃气安全知识和操作技能的培训”。从事燃气行业或使用燃气，熟悉燃气知识、掌握燃气专业技能是科学利用燃气的关键。

保障燃气设备平稳运行，关键在人才队伍建设。2022 年 5 月 1 日起施行的《中华人民共和国职业教育法》第二十四条规定，“企业应当按照国家有关规定实行培训上岗制度。企业招用的从事技术工种的劳动者，上岗前必须进行安全生产教育和技术培训；招用的从事涉及公共安全、人身健康、生命财产安全等特定职业（工种）的劳动者，必须经过培训并依法取得职业资格或者特种作业资格”。为更好地适应这一需要，我们组织高等职业院校骨干教师和行业管理专家编写了“燃气行业从业人员专业培训教材”系列丛书。

“燃气行业从业人员专业培训教材”系列丛书针对燃气行业基本工种，包括《燃气通用知识与专业知识》《燃气相关法律法规与经营企业管理》《燃气管网运行》《压缩天然气场站运行》《液化天然气储运》《液化石油气库站运行》《燃气用户安装检修》《燃气输配场站运行》《汽车加气站操作》，突出通识性、适用性、实用性、时效性，总结提炼典型经验做法，实现理论知识和专业技能的融合。既适用于从业人员上岗培训、待业人员就业培训，也适用于职业技能鉴定机构组织培训。对职业院校师生、燃气行业技术使用也有较高的参考价值。这套教材的出版，一定能够为广大燃气行业从业人员提供有益的帮助，为燃气知识的学习、技术技能的提高起到积极的推动作用。

前　　言

为了加快燃气行业高技能人才队伍建设，推动行业全面发展，促进行业转型升级和高质量发展，我们邀请了多位知名专家和学者，通过对燃气行业现场经验总结以及对燃气工程项目的实地考察，建立了一套科学的行业工程理论体系，结合实践经验和理论知识，参考有关国家标准及行业标准，共同编写了“燃气经营企业从业人员专业培训教材”，为燃气行业技能人才培养提供服务，以提升从业人员的职业技能，进一步提高工程质量和安全生产水平。

本书是“燃气行业从业人员专业培训教材”系列丛书之一，共十三章，内容包括城镇燃气分类及输配系统简介、基本能力与常识、日常运行管理、常见特种作业相关要求、安全生产检查、管网及设备巡查与维护、燃气管道防腐、燃气泄漏与防治、安全生产管理制度、消防、事故管理、应急预案、智慧燃气等内容，系统化梳理了燃气管网运行工的知识目标、素质目标、能力目标，科学、精练地编写了教材内容，满足行业从业人员、专业学生等学习、培训需要。本书由宋克农、谭丽娜担任主编，李新强、石志俭、杜彦、王雪林担任副主编，张伟、甄晓彤、张超、张森娜、张成宝参与了本书的编写工作，刘庆堂、孔祥民、毕四宝担任本书主审。谨此向为本教材的编写工作提供了大力支持的中国市政工程华北设计研究总院有限公司、佛山市华禅能燃气设计有限公司、淄博市能源集团有限责任公司、临沂中裕能源有限公司、山东一通工程技术服务有限公司等单位深表谢意！

编写本书时参考了大量文献资料，在此对各位编委和参与调研的专家、学者表示衷心感谢。因时间仓促、经验不足，书中的疏漏和不妥之处在所难免，恳请专家和广大读者批评指正。

编者

目　　录

第一章　城镇燃气分类及输配系统简介 …………………… 1

第一节　城镇燃气分类 …………………… 1

第二节　城镇燃气输配系统 …………………… 6

第二章　基本能力与常识 …………………… 20

第一节　识读工程图纸 …………………… 20

第二节　安全基本常识 …………………… 45

第三章　日常运行管理 …………………… 51

第一节　基本要求 …………………… 51

第二节　日常管理 …………………… 54

第三节　管道检验 …………………… 56

第四节　安全状况分级与评定 …………………… 66

第四章　常见特种作业相关要求 …………………… 68

第一节　工业动火 …………………… 68

第二节　高处作业 …………………… 70

第三节　受限空间 …………………… 72

第五章 安全生产检查……79
第一节 目的与作用……79
第二节 基本内容……80
第三节 基本形式……82
第四节 检查方法……83
第五节 检查程序……84
第六章 管网及设备巡查与维护……86
第一节 基本内容……86
第二节 管网巡查……88
第三节 设备巡查与维护……93
第七章 燃气管道防腐……103
第一节 腐蚀成因及分类……103
第二节 埋地钢质管道……104
第三节 架空钢质管道……111
第八章 燃气泄漏与防治……118
第一节 基本概念……118
第二节 泄漏的危害及其原因……121
第三节 预防泄漏的措施……125
第四节 泄漏检测技术……130
第五节 堵漏技术……135
第九章 安全生产管理制度……143
第一节 安全教育制度……143
第二节 安全检修制度……146
第三节 安全会议制度……147

第四节　定期检验制度……149
第五节　设备安全管理制度……150
第六节　消防设施和器材管理制度……152
第七节　应急救援预案定期演练制度……153
第八节　值班管理制度……154
第九节　劳动防护用品管理制度……156
第十节　安全技术档案管理制度……157

第十章　消防……160

第一节　燃烧……160
第二节　火灾……167
第三节　防火与灭火的基本原理和方法……172
第四节　爆炸……174
第五节　防火防爆措施……176
第六节　消防管理与消防法规……182
第七节　消防设施与管理……186
第八节　灭火器……196

第十一章　事故管理……205

第一节　基本原则……205
第二节　事故管理……206

第十二章　应急预案……210

第一节　应急预案分类……210
第二节　综合应急预案……211
第三节　专项应急预案……224
第四节　现场处置方案……247

第十三章　智慧燃气 ······ 263

第一节　发展现状 ······ 263

第二节　发展趋势及关键因素 ······ 266

第三节　系统构成 ······ 269

第四节　平台建设 ······ 274

第五节　智慧场站 ······ 280

参考文献 ······ 284

第一章

城镇燃气分类及输配系统简介

第一节　城镇燃气分类

城镇燃气按照生成的原因，主要分为天然气、人工燃气、液态燃气和生物质燃气四大类。

一、天然气

天然气主要成分为甲烷，它是通过生物化学作用及地质变质作用，在不同的地质条件下生成、运移，并在一定压力下储集在地质构造中的可燃气体。天然气开采后，需要经过降压、分离、净化（脱硫、脱水），才能作为城镇燃气气源进行使用。由于天然气的勘探、开采及应用方式多样，因此，天然气可进一步分为常规天然气和非常规天然气 2 种。

1. 常规天然气

在现有技术及经济条件下，能够进行大规模生产的天然气，即常规天然气，包括气田气、油田伴生气和凝析气田气 3 种。

气田气是指天然气气田储藏的纯天然气，甲烷含量超过 90%，同时含有少量二氧化碳、硫化氢和其他稀有气体，其低热值约为 36 MJ/m^3。

油田伴生气是指与石油共生、在油田中和石油以平衡状态共存的天然气，包括气顶气和溶解气 2 类。其中，气顶气不溶于石油，只是为了保持石油开采过程中必要的油井压力，所以气顶气通常不进行开采；溶解气可以溶解在石油中，在开采石油过程中随石油同时被开采出来。由于油田伴生气含有乙烷及更高的烃类，因此其低热值相对气田气要高，可达 45 MJ/m^3。

凝析气田气是一种深层的富天然气，深层储气层的天然气温度、压力较高。被开采出地面后，随着温度和压力降低，产生了气液分离，被分离的气体部分即为凝析气田气。凝析气田气中含有戊烷及更高的烃类，其低热值可达 48 MJ/m^3。

在我国，常规天然气资源较为丰富，主要集中在塔里木盆地、鄂尔多斯盆地、四川盆地、柴达木盆地、准噶尔盆地、松辽盆地、渤海湾盆地。

2. 非常规天然气

在现有技术和经济条件下，不能被大规模开发及利用的天然气统称为非常规天然气。非常规天然气包括页岩气、煤层气和天然气水化合物。本书着重对页岩气进行说明。

页岩气，是指从页岩层开采出来的天然气。它通常吸附或游离在高碳泥页岩或暗色泥页岩中，是一种极为重要且宝贵的天然气资源。随着我国对天然气的需求日益增长，常规天然气气源正在不断减少，页岩气作为非常规天然气将逐渐成为我国乃至全球天然气气源开发的重点。

在我国，页岩气的分布特点与常规天然气具有相似之处，也是主要分布在盆地区域。根据有关部门公布的数据，我国页岩气的含量占全球的20%，排名世界第一。但是，由于页岩气的开发技术难度较大、开发成本较高，加之我国页岩气气藏条件要更为复杂，因此我国目前页岩气的开发成本要远高于美国及加拿大。综上所述，页岩气目前在我国仍处于资源调查和试验的初始阶段，在未来将会逐步成为提高我国能源自给率、推动节能减排的重要途径。

3. 天然气的应用

同石油、煤炭一样，天然气也属于不可再生资源。只有合理地利用天然气，才能充分发挥其作用。

随着社会的发展，天然气应用领域也在逐步发展与壮大，目前我国天然气应用已经覆盖了居民、商业、交通、工业及分布式能源和热电联产等领域。

二、人工燃气

人工燃气是以固体燃料或石油系列产品为原材料，经过热加工产生的可燃气体。按照具体生产方式，可分为干馏煤气、汽化煤气和油制气。

1. 干馏煤气

固体燃料煤在隔绝空气时加热分解成固体、液体和气体。其中的气体即干馏煤气，通常1 t煤可产生300～500 m^3干馏煤气。干馏煤气主要成分为氢气、甲烷和一氧化碳，低热值为17 MJ/m^3。在我国，干馏煤气曾是很多城市燃气的主要气源之一，随着“西气东输”管道天然气的建设运行，干馏煤气在很多城市均逐步被天然气所替代。但至今仍有不少城市以干馏煤气作为主要气源。

2. 汽化煤气

固体燃气在高温、高压条件下与空气或氧气发生反应，产生的可燃气体即汽化煤气。根据生产方式的不同，其热值为 5～15 MJ/m^3。汽化煤气中通常含有较多的一氧化碳，因此通常适合作为人工燃气厂的辅助气源，不直接作为城镇燃气的主要气源。确有必要作为主气源时，应对其采取措施，将汽化煤气中的一氧化碳含量及热值调整到符合现行人工燃气国家标准后方可使用。

3. 油制气

石油原油、石脑油或重油在经过热裂解后，产生的气态燃料即油制气。由于重油价格较低，因此重油催化裂解法在我国被广泛采用，1 t 重油可产生 800～1 200 m^3 油制气。油制气含有较多的氢气，同时还含有焦油和粗苯，因此需要对其进行净化处理。经过净化处理后的油制气，不仅可以作为城镇燃气基本气源，还可作为调峰气源。

三、液态燃气

1. 液化石油气

按照生产来源不同，液化石油气可分为天然石油气和炼厂石油气 2 种。从油田或气田中开采出来的液化石油气，称为天然石油气；从石油炼制加工过程中进行提取的液化石油气，称为炼厂石油气。

液化石油气的主要成分为丙烷、丁烷、丙烯和丁烯等烃类混合物。这些烃类混合物临界温度高、临界压力低，沸点较低，在常温常压下为气态。当对其加压或降温时，会由气态变为液态。气态经过压缩变为液态后，体积将缩小为原来的1/250。液态液化石油气相对密度（相对于水）为0.5～0.6，因此液化石油气的水分会沉积在容器底部；而气态液化石油气相对密度（相对于空气）为1.2～1.5，因此当液化石油气泄漏时容易在低洼处形成积聚，不易挥发扩散。液态液化石油气的低热值为45～46 MJ/m^3，气态液化石油气的低热值为92～121 MJ/m^3。

液化石油气通常采用槽车运输，在气化站经汽化后由管道输送或在混气站与空气混合，可作为与天然气进行互换的气源。由于液化石油气设备相对简单、供应方式较为灵活以及建设周期较短，因此在我国被普遍采用。

2. 轻烃燃气

作为石油开采、炼制与石油化工的副产物，轻烃（C_5、C_6）约占5%。如果能够适当利用，也可成为城镇燃气的补充气源。目前我国已发布了有关于轻烃行业的相关标准。

四、生物质燃气

以生物质作为原料进行加工产生的可燃气体，称为生物质燃气。生物质来源广泛，包括农业资源、家禽粪便、生活污水、工业有机废水及城市有机固体废物。

按照生物质燃气生产方法的不同，可分为物理化学转化法和生物化学转化法2种。物理化学转化法是把生物质加热汽化成燃气，可用于居民、工业和发电；生物化学转化法是通过微生物的厌氧发酵，把生物质转化为可燃气体。

生物质燃气可视作可再生能源。通过生物化学转化法产生的燃气，具有显著的环保效益和经济效益，因此在我国中小城镇和农村得到了广泛推广。

第二节　城镇燃气输配系统

城镇燃气输配系统是指在城镇范围内，从燃气门站或气源厂出发到各类用户用具前的燃气输送与分配管网系统，包括输气管道、储气设施、调压装置、计量装置、输气干管、分配管道及相应的附属设施。其中，储气设施、调压装置与计量装置可单独设置或合并设置。本章所指的城镇燃气输配系统，适用于设计压力不大于4.0 MPa（表压）的城镇燃气（不包含液态燃气）。

一、城镇燃气输配系统的组成

通常情况下，城镇燃气输配系统由燃气门站、燃气管网、储气设施、调压设施、管理设施和监控系统组成。城镇燃气输配系统应符合城镇燃气总体规划。在可行性研究的基础上，做到远、近结合，以近期为主，并经技术经济比较后制定合理的方案。

二、城镇燃气输配系统的布置原则

城镇燃气输配系统压力级制的选择，燃气门站、燃气储配站、燃气调压站和燃气干管的布置，应根据燃气供应来源、燃气用户的用气量及其分布、地形地貌、管材设备供应条件、施工和运行等因素，经过多个方案比较，择优选取技术经济合理、安全可靠的方案。

三、气源的要求

城镇燃气输配系统应具有可靠的气源，并具备满足调峰、应急需要的储备能力。气源储备设施的建设应因地制宜、合理布局、统筹规划，宜采用集中设置区域性储备设施的方式。当具备地质条件时，宜采用地下储气库方式；当具备岸线和港口条件时，宜采用液化天然气接收站方式；当不具备以上 2 种条件时，宜采用集约化布局的液化天然气储备基地方式。

逐月用气不均匀性平衡和应急供气由气源方解决；逐日用气不均匀性平衡由气源方和需气方共同解决；逐小时用气不均匀性平衡由需气方解决。

当城镇燃气设置可替代气源作为气源能力储备时，其供气能力及原料储备应与承担的供气和储备规模相适应。可替代气源与主气源的气质应具备满足要求的互换性。

四、城镇燃气管道压力分级

城镇燃气管道的设计压力（*P*）分为 7 级，见表 1-1。

表 1-1　城镇燃气管道的设计压力（*P*）　　单位：MPa

名称		压力
高压燃气管道	A	2.5＜*P*≤4.0
	B	1.6＜*P*≤2.5
次高压燃气管道	A	0.8＜*P*≤1.6
	B	0.4＜*P*≤0.8
中压燃气管道	A	0.2＜*P*≤0.4
	B	0.01＜*P*≤0.2
低压燃气管道		*P*＜0.01

城镇燃气输配系统根据所采用的管网压力级制不同可分为以下几类：

一级系统：只用1种压力级制的管网来输送和分配燃气，通常为低压或中压管道系统。

二级系统：由2种压力级制的管网来输送和分配燃气，通常为高—中压、次高—中压、中压A—低压及中压B—低压管道系统。

三级系统及多级系统：由3种及3种以上压力级制的管网来输送和分配燃气。

输配系统各压力级制之间的管道通过调压装置进行连接。确定输配系统压力级制时，应考虑下列因素：

1）气源状况。如气源压力、组分等特性。

2）城市现状与发展规划。城市现状与发展的定位、国土空间总体规划、能源发展规划及省（自治区、直辖市）城镇燃气发展规划等有关上位规划。

3）储气措施。如采用高压管道系统储气、液化天然气（LNG）应急调峰储备站储气等储气措施，对不可中断供气用户的统计与评估。

4）大型用户与特殊用户需求。如大型分布式能源站、热电联产等对用气压力有较高需求的用户、用气区域较为集中的工业（产业）园等。

五、场站

1. 燃气门站

燃气门站从长输管线的分输站接入，是城镇燃气输配系统的重要组成部分及气源点。其作用为接收长输管道输送的天然气，经其送入城镇燃气输配管网或直接供给特殊用户。对于天然气高压储配站而言，燃气门站既可以储存高压天然气，也可以通过降压后向城镇燃气输气管网进行输送。因此，燃气门站也可以与天然气储配站进行合建。

（1）燃气门站工艺

燃气门站工艺应满足输配系统调度与调峰的要求，工艺流程包括除尘、气质检测、调压计量、加臭和清管球收发装置等。同时为了满足要求，应设置流量、压力和温度计量仪表，宜设置测定燃气组分、发热量、密度、湿度和各项有害杂质含量的仪表。

燃气门站工艺管道系统包括配管区、进站阀门区、出站阀门区等。在进站总管上设置除尘器，计量与调压装置前设置过滤器。当采用清管设备时，清管器的接收装置可以设置在燃气门站内。

（2）燃气门站装置

1）预热装置：天然气在节流降压的过程中会产生汤姆逊效应，压力每降低 0.1 MPa，气体温度降低约 0.4℃。由于在燃气门站内将高压降至中压，压降较大，调压器出口处通常会出现较为严重的结冰现象。为了防止过冷气体经过计量设备造成计量误差，故将计量设备设置在调压器之前，并配备相应的预热装置，确保设备正常运行。预热装置通常采用热交换器，一般选取热水为介质。根据工艺系统的设计要求，按照降压幅度可设置一级预热或二级预热，第二次预热设置在第二级调压之前。

2）集中放散装置：集中放散装置宜设置在站内全年最小频率风向的上风侧，放散管管口的高度应高出距其 25 m 范围内的建（构）筑物 2 m 以上，且距离地面不得小于 10 m。

3）站内管道：燃气门站的管道系统除连接地上设备外，其余管道通常采取埋地方式。按照流速不大于 20 m/s 的标准来确定管径。管材则按照压力等级进行设计。高压管道须经过强度计算确定材质与壁厚。

4）监测系统与控制系统：监测系统主要用来监测压力、温度、流量、组分、过滤器前后压差、加臭剂添加量等重要参数。控制系统主要通过进出站管道的电动阀进行控制。监测系统与控制系统采用微机可编程系统收集监测参数和运行状态，实现画面显示、运算、记录、报警及参数设定等功能，同时作为城市天然气输配系统的一个监控子站向监控中心发送运行参数和接收中心调度指令。监测系统与控制系统应包括安全保卫系统。

2. 储配站

储配站可分为高压储配站和低压储配站。

（1）高压储配站

高压储配站所建储罐容积应根据城镇燃气输配系统所需储气总容量、管网系统的调度平衡和气体混配要求确定，主要由储气设备和附属设施组成。常用的储气设备有高压储气罐和高压储气管束。

由于燃气门站和燃气储配站都需要除尘、加臭、计量以及调压，因此可以采用燃气门站与储配站合建的方式，用于节约土地资源。

（2）低压储配站

低压储配站通常采用湿式低压罐储气。当采用中低压或单级中压输配系统时，储配站需增设压缩机，从储罐中抽取低压燃气后，经过加压供出。

3. 调压站

调压站一般是指高（次高）中压调压站与中低压调压站。由于调压站一般向区域供气，因此又被称作区域调压站。调压站的工艺流程根据输配系统中的功能和参数调节范围进行设计，按气候条件、设备维护和仪表检测等要求，调压装置可以安装在符合要求的建筑物、箱体内，有时也可以露天设置。

（1）调压站的工艺流程

调压站的工艺流程主要分为3个部分：

1）进口管段：进口管段为调压设施的上游部分，因此应设置进口总阀和绝缘接头等。

2）主管段：主管段根据功能分为3段，即预处理功能段、调压段和计量段。包括过滤器、上游压力表、温度计及上游采样管、换热器、切断阀、超压切断阀、放散装置、监控调压器、主调压器、中间各监测点压力表、减噪声器和流量计等设备仪表。

3）出口管段：出口管段为调压设施的下游部分，与进口管段类似，也应设置出口总阀和绝缘接头等。

工艺流程的主要要求如下：

1）调压器的计算流量按照下游管网计算流量的1.2倍确定；调压器的最大流量按照下游管网计算流量的1.38～1.44倍确定。

2）调压器的进口、出口管段之间应设旁通管。当调压器前后压差较大时，旁通管上应增设旁通调压器。

3）高压和次高压调压站进口、出口管段上必须设置阀门，中压调压站进口管段上应设置阀门。

4）调压器进口处应安装过滤器。同时在进口或出口处应安装安全切断阀，并选用人工复位。

5）调压器和过滤器前后均应设置指示压力表，调压器后应设置自动记录压力表。

6）当因为调压前后压差过大导致调压后管段出现结冰等情况时，应在调压器前增设预热装置。

7）无人值守的调压站应设安全保卫监测报警装置。

（2）调压站监控装置

为提高调压站的供气安全性，可在调压流程中增设监控调压器。监控调压器通过能力不应小于主调压器。根据组装形式分为串联调压器和并联调压器2种。监控调压器的本质即应急备用调压器，当主调压器因为故障导致出口压力超压达到监控调压器预定的介入压力时，监控调压器替代主调压器进入工作状态，从而保障连续供气。

串联调压器适用的场所较为广泛，发现问题可以及时解决；并联调压器流程相对复杂，投资较高，但相比串联调压器，其供气安全可靠性更高，适用于高压力、大流量、重要用户和重要场所等情况。

4. 场站设备

（1）调压器

调压器主要应用于燃气门站、储配站、调压站、各类居民小区、商业及工业用户。调压器按照作用原理分为直接作用式调压器和间接作用式调压器两类。

直接作用式调压器的工作原理：出口压力直接作用在弹簧支撑的薄膜上，根据薄膜的上下活动区间调节阀口的开启程度。直接作用式调压器主要用于小流量场合，如楼栋调压箱、工业炉与锅炉的燃气设备等。

间接作用式调压器的工作原理：出口压力作用于指挥器，再由指挥器调节阀口的开启程度。相比直接作用式调压器，间接作用式调压器更为灵敏。间接作用式调压器主要应用在各类大型场站，如燃气门站、储配站和调压站等。

（2）过滤器

由于上游长输管道在进入燃气门站、调压站等场站时，往往存在一定量的杂质。这些杂质中包括水及饱和水蒸气、灰尘、焦油等。这些杂质如果不经过处理直接进入场站，将会对调压器、流量计、仪表等造成腐蚀、污染和堵塞，严重影响设备的使用寿命。因此，为了保证调压系统、计量系统的正常运行，应根据不同燃气气质选择相应的过滤器，过滤器必须安装在调压计量系统之前，以保证将上述杂质进行截留和排除。过滤器按照组成结构的不同，分为填料式过滤器和滤芯式过滤器两类。

填料式过滤器选用的纤维细而长、强度高。如利用玻璃纤维、马鬃等作为填料。填料在装入前应用油润透，从而提高过滤效果。过滤器的直径一般按照燃气压降不大于 5 000 Pa 选定。当压降大于 10 000 Pa 时，必须清洗填料。

滤芯式过滤器由外壳和滤芯构成。外壳通常为圆筒形，因此也被称作筒式过滤器。筒式过滤器可以截留较多的液态污物，并设有排污口，可定期在线排污。滤芯是一定规格网目的防锈金属丝网，其过滤效果与网目疏密程度有关。通常滤芯的通过阻初始状态为 250～1 000 Pa，最终状态为 10 000～40 000 Pa，可通过测压口测量压力降判定是否需要清洗滤芯。

（3）调压器消声装置

由于调压器在降压时会产生噪声，因此应采取相应的消声措施。首选主动消声，即在调压器构造内部削减噪声或在调压器下游管道处嵌入消声装置。如条件苛刻确实无法安装消声装置，则采用被动式消声，即对整个调压器周围设施和调压器下游管道进行隔声。

如果将多种消声装置同时使用，能使消声装置后端的管道向周围环境辐射的噪声降低更多。但由于消声装置本身就会增加阻力，因此需优先充分考虑和核实调压器下游管道的最大通过能力。

（4）超压切断阀

超压切断阀是一种闭锁结构，由控制器、开关器伺服驱动机构和执行机构组成，通常安装在调压器之前，而信号管与调压器出口管路相连。超压切断阀在正常工况下处于常开状态，当通过的燃气压力超过超压切断阀设定的压力上限（下限）时，超压切断阀就会自动切断，切断后不能自行开启，须待事故排除确保安全后，才能采用人工手动方式进行复位。

根据调压站、调压箱或调压柜的工艺需求，应在调压器的进口（或出口）处设防止燃气压力过高的超压切断阀（当调压器自带超压切断阀时可不设）。超压切断阀属于非排放式安全保护装置，即只切断不排放，并且应选择人工复位式超压切断阀。

（5）安全阀

根据调压站、调压箱或调压柜的工艺需求设置安全阀。

与超压切断阀不同的是，安全阀属于排放式安全装置，因此又被称作超压放散阀。安全阀也是由控制器、伺服驱动机构和执行机构组成。除此之外，有的安全阀还需增设开关器。安全阀通常安装在调压器之后，在正常工况下处于常闭状态，当与之连接的管路燃气压力超过设定上限时，执行机构动作，将超压气体自动泄放，经放空管排入大气中。当管路的压力下降到执行机构动作压力以下时，安全阀就会自动关闭。

5. 压缩机

压缩机主要应用在长输管线压气站和人工燃气输配系统储配站。压缩机按照工作原理分为容积型压缩机和速度型压缩机两类。

容积型压缩机通过缩小气体容积而提高压力，其又可细分为往复式压缩机和回转式压缩机。往复式压缩机通常在人工煤气储配站广泛采用，其工作原理是通过活塞在汽缸中做直线往复运动从而压缩气体，共分为吸气、压缩、排气和膨胀4个过程，它们形成一个循环往复；回转式压缩机以滑片、螺杆或转子的旋转运动来压缩气体。其中，滑片旋转、螺杆旋转通常适用于小流量范围内的中压、低压压缩。

速度型压缩机通过提高气体运动速度，使气体的动能转化为压力能，较为常见的为离心式压缩机。离心式压缩机通常适用于大、中流量范围的高压、中压压缩。例如，长输管道压气站，其工作原理为气体自轴向进入被旋转主轴上叶轮增速、并甩出叶轮进入扩压器，使体积扩大而降速升压。

6. 计量装置

燃气的计量装置是输配系统进行调度的基础，同时又是供求双方进行经济核算与交易的重要依据，因此不仅需要在技术上严格把关，而且在管理制度上需要更加完善。目前，国内外燃气行业均已普遍采用数据采集与监视控制（SCADA）系统进行流量、压力、系统状态监控和综合分析等计量管理工作。

由于气体具有可压缩性，因此燃气流量测量的难度要远大于液体测量。因此，应根据不同的工况，采用与之相适应的计量装置。目前，常用的计量装置主要分为差压式孔板流量计、涡轮流量计、超声波流量计和容积式流量计。

（1）差压式孔板流量计

差压式孔板流量计主要用于长输管线，由标准孔板节流装置、导压管、差压计、压力计和温度计组成。测量原理是，当流量通过标准孔板时，在孔板前后发生流速变化从而产生压力差，根据测得的压力差计算可得到流量值。

（2）涡轮流量计

与差压式孔板流量计类似，涡轮流量计也属于间接式体积流量计。当气体在管道内流动时，气体的动能会推动叶轮转动，其转动速度与管道的流量成正比。转速与通过截面积、转子设计形式及其内部机械摩擦、流体牵引、外部荷载及气体黏度、气体密度等诸多因素有关。

涡轮流量计可配置温度计、压力表、流量计算机等。除了按气体参数确定主体结构尺寸外，还应注意选配脉冲信号发生器。同时，为了消除任何可能影响计量精度的流体扰动，通常在涡轮流量计上游2倍出口直径处安装整流器，整流器结构可做成管板式。

（3）超声波流量计

超声波流量计是通过检测流体流动对超声束的作用，测量体积流量的速度式流量计。测量原理及方法包括传播时间差法、多普勒效应法、波束偏移法、相关法和噪声法等。

首先在天然气管道中安装两个能发送和接收超声脉冲的传感器形成声道。两个传感器轮流发射和接收脉冲，超声脉冲相对于天然气以声速传播。沿声道顺流传播的超声脉冲的速度因被测天然气流速在声道上的投影与其方向相同而增加，而沿声道逆流传播的超声波脉冲的速度因被测天然气流速在声道上的投影与之方向相反而减少。因此，就可以得到超声脉冲在顺流和逆流方向上的传播时间，再通过这两个传播时间进而推导出天然气的流速，最终计算出流量。

超声波流量计在选用时，应在超声波流量计上游预留出足够长度的直管段，安装所选位置要保证测量流束水平。在电气要求上除了应符合国标规范的防爆等级外，还应提供连续电子或机电计数器的电源模式及其输出脉冲。

（4）容积式流量计

容积式流量计通常应用于商业和工业用户，相较于涡轮流量计，其计算精度更高。尤其是对于始动流量和最小流量有特殊要求的商业用户和工业用户，容积式流量计有较明显的优势。典型的容积式流量计基本分为罗茨流量计和隔膜式煤气表两类。

1）罗茨流量计：罗茨流量计本体主要由3个部分组成，即外壳、转子和计数机构。其中，外壳材料采用铸铁、铸钢或铸铜，外壳前后接驳入口管和出口管；转子是由不锈钢、铝或铸铜制成，形状类似两个“8”字形；计数机构设有减速器，通过联轴器与一个转子相连接，联轴器会把转动圈数传到减速器及计数机构上。当气体通过计量腔室时，气体的压力驱动转子转动，两个“8”字形的转子每转动一圈，相当于通过了 4 倍计量腔室的体积。除此之外，在罗茨流量计的进出口上需安装差压计，显示进出口的压力差，并将压力差信号及时传送。由于加工精度较高，转子和外壳之间只有很小的间隙，当流量较大时，其间隙产生的泄漏计量误差应在计量精度的允许范围内。

2）隔膜式煤气表：隔膜式煤气表通常也被称作皮膜表。皮膜表普遍应用于商业、居民以及小型的低压燃气工业用户。皮膜表的工作原理：当燃气进入表内，充满表内空间，经过滑阀座孔进入计量室，依靠薄膜两面的气体压力差推动计量室的薄膜运动，从而使计量室内的气体通过滑阀及分配室从出口流出。当薄膜运动到尽头时，依靠传动机构的惯性作用使滑阀盖做相反运动。薄膜每往返运动一次，即完成一个回转，此时表的读数值为表的一回转流量（计量室的有效体积）。皮膜表的累积流量值为一回转流量和回转数的乘积。

7. 加臭装置

燃气属于易燃易爆的危险品，对发生泄漏的情况，应及早发现并迅速做出处理。而天然气本身无色无味，因此需要对其加入特殊气味的物质，可以使人及时察觉；在某些特殊重要场合，还需增设检漏仪器。通常来说，经过长输管道输送的天然气，一般在门站进行加臭。

（1）加臭剂量的标准

1）对于天然气和液化石油气（不含一氧化碳）等无毒的燃气，当其泄漏时，需在达到爆炸下限的 20%浓度时能够被人察觉。由于天然气的爆炸下限为 5%，因此加臭浓度应按照天然气泄漏到空气中达到 1%时能够被人察觉的标准添加。

2）对于含有一氧化碳、氰化氢等有毒成分的燃气，则要求在达到对人体产生危害的浓度前以及爆炸下限的20%浓度前，二者取最小值，加臭浓度按照最小值考虑。

3）当为了应急利用加臭剂寻找地下管道泄漏气点时，加臭剂的加入剂量可以增至正常使用量的10倍。

4）对于新建燃气管道，在投产使用的最初阶段，加臭剂的加入剂量应比正常使用量高2～3倍，直到管壁铁锈和沉积物等被加臭剂饱和。

5）冬季时，加臭剂的消耗量往往大于夏季，加臭剂的加入剂量应比正常使用量高0.5～1倍。

（2）加臭剂的特性

我国目前常用的加臭剂主要有四氢噻吩和乙硫醇。四氢噻吩的衰减量为乙硫醇的1/2，对管道的腐蚀性为乙硫醇的1/6，但价格也相对较高。加臭剂的主要特性及要求须符合以下几点：

1）加臭剂的气味应具有独特的臭味，与一般气味如厨房油烟、化妆品、腐烂品等气味有明显区别。

2）加臭剂在正常使用的浓度范围内不应对人体、管道及设备造成伤害。

3）与燃气一同可以被完全燃烧，燃烧产物不应对人体呼吸系统造成伤害，并不应腐蚀与其接触的材料、管道及设备。

4）溶解于水的程度不应大于2.5%。

5）具备一定的挥发性，在管道正常运行温度下不会冷凝，在较高温度下不易分解。

6）土壤透过性良好。

7）价格经济低廉。

（3）加臭方法

加臭方法分为滴入式和吸收式两种。

1）滴入式：将液态加臭剂的滴液直接加入燃气管道，加臭剂在蒸发后与燃气气流混合。滴入式加臭法操作方便，加臭剂通常在室外露天或遮阳棚内放置。

2）吸收式：使液态加臭剂在加臭装置中先进行蒸发，然后将部分燃气引至加臭装置中，使燃气被加臭剂的蒸气所饱和。加臭后的燃气再流出加臭装置，返回管道与未加臭的燃气进行混合。

第二章

基本能力与常识

第一节　识读工程图纸

一、燃气工程施工图的基本规定

为统一燃气工程制图规则，保证制图质量，提高制图效率，符合设计、施工、存档等要求，适应工程建设的需要，国家制定了《燃气工程制图标准》（CJJ/T 130），该标准适用于下列燃气工程的制图：

1）新建、改建、扩建工程的各阶段设计图、竣工图；

2）既有燃气设施的实测图；

3）通用设计图、标准设计图。

燃气工程制图应准确表达设计意图，做到图面正确、简明和清晰。

燃气工程制图除应遵守现行行业标准《燃气工程制图标准》（CJJ/T 130）外，还应符合现行国家标准《房屋建筑制图统一标准》（GB/T 50001）等相关规定。

1. 图幅

图纸幅面和图框尺寸应符合现行国家标准《房屋建筑制图统一

标准》（GB/T 50001）的规定，图框线应采用粗实线，标题栏图框线应采用中实线。

当对幅面有特殊要求时，图纸幅面和格式应按现行国家标准《技术制图　图纸幅面和格式》（GB/T 14689）中的有关规定执行。

2. 图纸编排顺序

图纸的排列宜符合下列顺序：工程项目的图纸目录、选用标准图或图集目录、设计施工说明、设备及主要材料表、图例、设计图。

专业设计图纸应独立编号。图纸编号宜符合下列顺序：目录、总图、流程图、系统图、平面图、剖面图、详图等。平面图宜按建筑层次由下往上排列。

3. 图线

图线的粗实线宽度（*b*），应根据图纸的比例和类别按现行国家标准《房屋建筑制图统一标准》（GB/T 50001）的规定选择。线宽可分为粗、中、细 3 种。

一张图纸上同一线型的宽度应保持一致，一套图纸中大多数图样同一线型的宽度宜保持一致。常用线型的画法及用途宜符合表 2-1 的规定，表 2-1 中未给出的其他线型的画法及用途应符合现行国家相关标准的规定。

表 2-1　线型画法及用途

名称	线型	线宽	用途示例
粗实线	━━━━━━━━	*b*	1. 单线表示的管道； 2. 设备平面图及剖面图中的设备外轮廓线； 3. 设备及零部件等编号标志线； 4. 剖切符号线； 5. 表格外轮廓线

续表

名称	线型	线宽	用途示例
中实线	——————	0.5b	1. 双线表示的管道； 2. 设备和管道平面及剖面图中的设备外轮廓线； 3. 尺寸起止符； 4. 单线表示的管道横剖面
细实线	——————	0.25b	1. 可见建（构）筑物、道路、河流、地形地貌等的轮廓线； 2. 尺寸线，尺寸界线； 3. 材料剖面线、设备及附件等的图形符号； 4. 设备、零部件及管路附件等的编号引出线； 5. 较小图形中心线； 6. 管道平面图及剖面图中的设备及管路附件的外轮廓线； 7. 表格内线
粗虚线	- - - - - - - - -	b	1. 被遮挡的单线表示的管道； 2. 设备平面及剖面图中被遮挡设备外轮廓线； 3. 埋地单线表示的管道
中虚线	- - - - - - - - -	0.5b	1. 被遮挡的双线表示的管道； 2. 设备和管道平面及剖面图中被遮挡设备外轮廓线； 3. 埋地双线表示的管道
细虚线	- - - - - - - - -	0.25b	1. 被遮挡的建（构）筑物的轮廓线； 2. 拟建建筑物的外轮廓线； 3. 管道平面和剖面图中被遮挡设备及管路附件的外轮廓线

续表

名称	线型	线宽	用途示例
点画线	——·——·——·——	0.25b	1. 建筑物的定位轴线； 2. 设备中心线； 3. 管沟或沟槽中心线； 4. 双线表示的管道中心线； 5. 管路附件或其他零部件的中心线或对称轴线
双点画线	——··——··——··——	0.25b	假想轮廓线
波浪线	～～～	0.25b	设备和其他部件自由断开界线
折断线	——⋀⋁——	0.25b	1. 建筑物的断开界线； 2. 多根管道与建筑物同时被剖切时的断开界线； 3. 设备及其他部件断开界线

同一张图中，虚线、点画线、双点画线的线段长及间隔应一致，点画线、双点画线的点应使间隔均分，虚线、点画线、双点画线应在线段上转折或交会。当图纸幅面较大时，可采用线段较长的虚线、点画线、双点画线。

4. 比例

比例应采用阿拉伯数字表示。当一张图上只有一种比例时，应在标题栏中标注；当一张图中有 2 种及 2 种以上的比例时，应在图名的右侧或下方标注，如图 2-1 所示。

当一张图中垂直方向和水平方向选用不同比例时，应分别标注两个方向的比例。在燃气管道纵断面图中，纵向和横向可根据需要采用不同的比例，如图 2-2 所示。

同一图样的不同视图、剖面图宜采用同一比例。

流程图和按比例绘制确有困难的局部大样图，可不按比例绘制。

平面图　1∶100

平面图
1∶100

图 2-1　比例标注示例（平面图）

管道纵断面图　纵向　1∶50
横向　1∶500

图 2-2　比例标注示例（断面图）

燃气工程制图常用比例宜符合表 2-2 的规定。

表 2-2　燃气工程制图常用比例

图名	常用比例
规划图、系统布置图	1∶100 000，1∶50 000，1∶25 000，1∶20 000，1∶10 000，1∶5 000，1∶2 000
制气厂、液化厂、储存站、加气站、灌装站、气化站、混气站、储配站、门站、小区庭院管网等平面图	1∶1 000，1∶500，1∶200，1∶100
工艺流程图	不按比例
瓶组气化站、瓶装供应站、调压站等平面图	1∶500，1∶100，1∶50，1∶30
厂站的设备和管道安装图	1∶200，1∶100，1∶50，1∶30，1∶10
室外高压、中低压燃气输配管道平面图	1∶1 000，1∶500
室外高压、中低压燃气输配管道纵断面图	横向 1∶1 000，1∶500 纵向 1∶100，1∶50
室内燃气管道平面图、系统图、剖面图	1∶100，1∶50
大样图	1∶20，1∶10，1∶5
设备加工图	1∶100，1∶50，1∶20，1∶10，1∶2，1∶1
零部件详图	1∶100，1∶20，1∶10，1∶5，1∶3，1∶2，1∶1，2∶1

5. 字体

图纸中的汉字宜采用长仿宋体，字高与字宽应按现行国家标准《房屋建筑制图统一标准》（GB/T 50001）的规定选用。汉字字高宜根据图纸的幅面确定，但不宜小于 3.5 mm。

一张图或一套图中同一种用途的汉字、数字和字母大小宜相同，数字与字母宜采用直体。

6. 尺寸标注

尺寸标注的深度应根据设计阶段和图纸用途确定。

尺寸标注应包括尺寸界线、尺寸线、尺寸起止符和尺寸数字。尺寸宜标注在图形轮廓线以外。

尺寸线的起止符可采用箭头、短斜线或圆点。一张图宜采用同一种起止符。

除半径、直径、角度及弧线的尺寸线外，尺寸线应与被标注长度平行。多条相互平行的尺寸线，应从被标注图轮廓线由内向外排列，小尺寸宜离轮廓线较近，大尺寸宜离轮廓线较远。尺寸线间距宜为 5～10 mm。尺寸界线的一端应由被标注的图形轮廓线或中心线引出，另一端宜超出尺寸线 3 mm。

半径、直径、角度和弧线的尺寸线起止符应采用箭头表示。

尺寸数字应标注在尺寸线上方的中部。当注写位置不足时，可引出标注，不得被图线、文字或符号中断。角度数字应在水平方向注写。

图样上的尺寸单位，除标高应以米（m）及燃气管道平面布置图中的管道长度应以米（m）或千米（km）为单位外，其他均应以毫米（mm）为单位，否则应加以说明。

尺寸数字的方向宜按现行国家标准《房屋建筑制图统一标准》（GB/T 50001）的规定标注。

7. 管径和管道坡度

管径应以毫米（mm）为单位。

管径的表示方法应根据管道材质确定，且宜符合表 2-3 的规定。

表 2-3　管径的表示方法　单位：mm

管道材质	示例
钢管、不锈钢管	1. 以外径 D×壁厚表示（如 D 108×4.5） 2. 以公称直径 DN 表示（如 DN 200）
铜管	以外径 ϕ×壁厚表示（如 48×1）
铸铁管	以公称直径 DN 表示（如 DN 300）
钢筋混凝土管	以公称内径 Do 表示（如 Do=800）
铝塑复合管	以公称直径 DN 表示（如 DN 65）
聚乙烯管	按对应国家现行产品标准的内容表示（如 dell0，SDR11）
胶管	以外径 ϕ×壁厚表示（如 ϕ12×2）

管道管径的标注方式应符合下列规定：当管径的单位采用毫米（mm）时，单位可省略不写；水平管道宜标注在管道上方；垂直管道宜标注在管道左侧；斜向管道宜标注在管道斜上方；管道规格变化处应绘制异径管图形符号，并应在该图形符号前后分别标注管径；单根管道时，应按图 2-3 的方式标注；多根管道时，应按图 2-4 的方式标注。

D 219×5

图 2-3　单根管道管径示意

管道坡度应采用单边箭头表示。箭头应指向标高降低的方向，箭头部分宜比数字每端长出 1～2 mm，如图 2-5 所示。

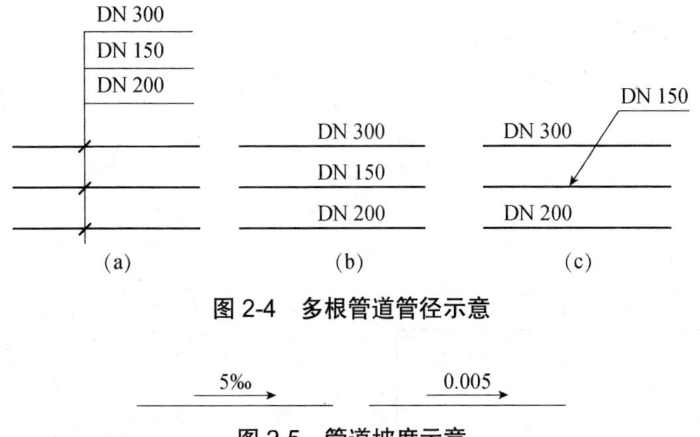

图 2-4　多根管道管径示意

图 2-5　管道坡度示意

8. 标高

标高符号及一般标注方式应符合表 2-4 及现行国家标准《房屋建筑制图统一标准》（GB/T 50001）的规定。

表 2-4　管道标高符号

项目	管顶标高	管中标高	管底标高
符号			

标高的标注应符合下列规定：平面图中，管道标高应按图 2-6 的方式标注。

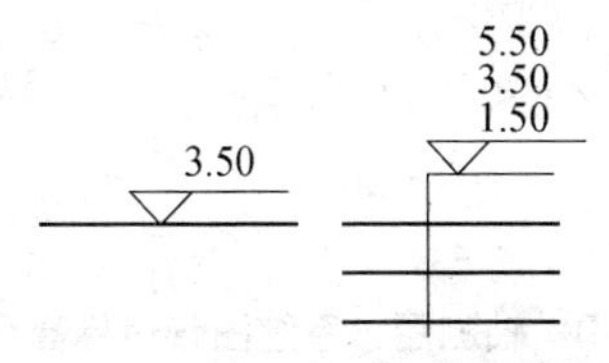

图 2-6　平面图管道标高示意

在平面图中，沟渠标高应按图 2-7 的方式标注；在立面图、剖面图中，管道标高应按图 2-8 的方式标注；在轴测图、系统图中，管道标高应按图 2-9 的方式标注。

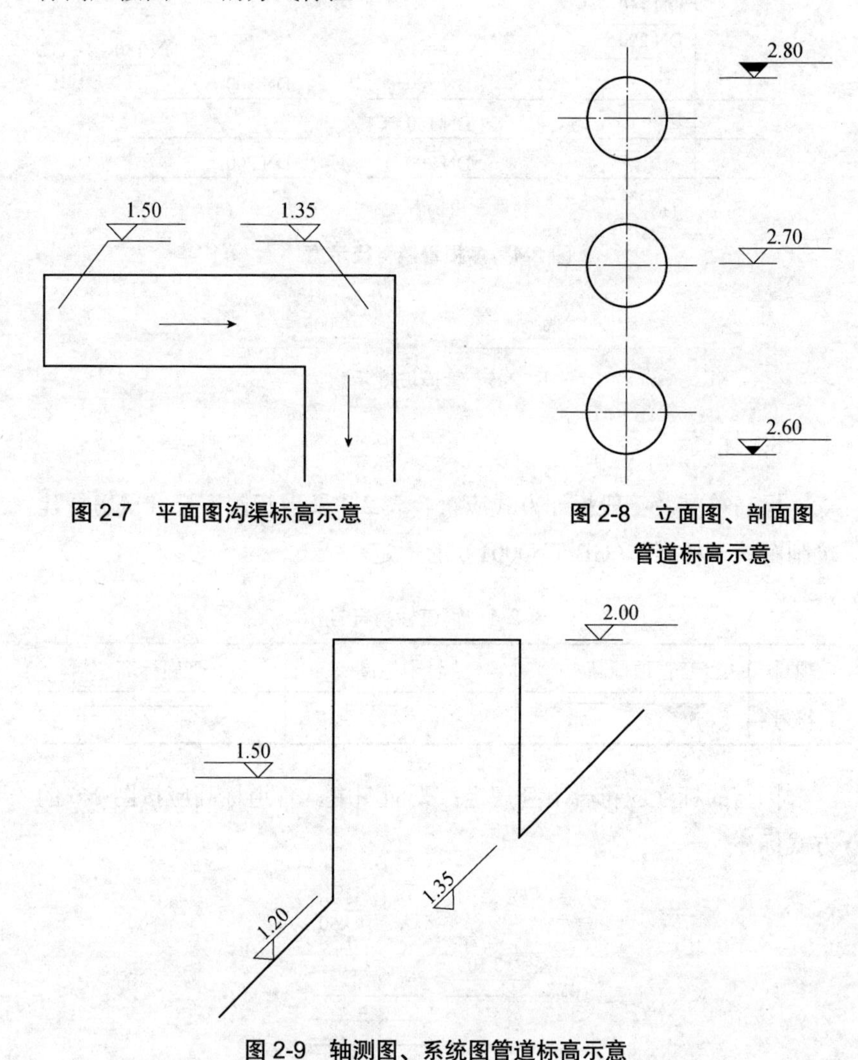

图 2-7 平面图沟渠标高示意

图 2-8 立面图、剖面图管道标高示意

图 2-9 轴测图、系统图管道标高示意

室内工程应标注相对标高，室外工程宜标注绝对标高；在标注相对标高时，应与总图专业一致。

标高应标注在管道的起止点、转角点、连接点、变坡点、变管径处及交叉处。

9. 设备和管道编号标注

当图纸中的设备或部件不便用文字标注时，可进行编号。在图样中应只注明编号，其名称和技术参数应在图纸附设的设备表中进行对应说明。编号引出线应用细实线绘制，引出线始端应指在编号件上。宜采用长度为 5～10 mm 的粗实线作为编号的书写处，如图 2-10 所示。

在图纸中的管道编号标志引出线末端，宜采用直径 5～10 mm 的细实线圆或细实线作为编号的书写处，如图 2-11 所示。

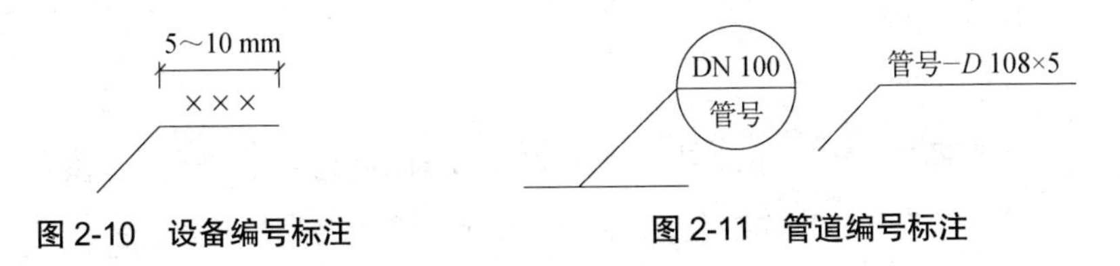

图 2-10　设备编号标注　　图 2-11　管道编号标注

10. 剖面图的剖切符号

剖面图的剖切符号应由剖切位置线和剖视方向线组成，均应以粗实线绘制。剖切位置线长度宜为 5～10 mm。剖视方向线应垂直于剖切位置线，其长度宜为 4～6 mm，并应采用箭头表示剖视方向，如图 2-12 所示。

剖切符号的编号宜采用阿拉伯数字或英文大写字母，按照自左至右、由下向上的顺序连续编排，并应标注到剖视线的端部。当剖切位置转折处易与其他图线发生混淆时，应在转角处加注与该符号相同的编号，如图 2-13 所示。

当剖面图与被剖切图样不在同一张图纸内时，应在剖切位置线处注明其所在图纸的图号，也可在图中说明，如图 2-14 所示。

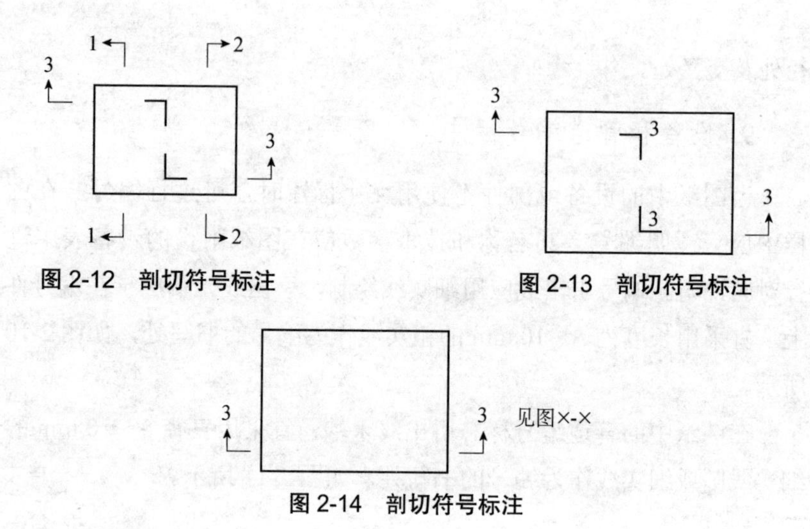

图 2-12　剖切符号标注

图 2-13　剖切符号标注

图 2-14　剖切符号标注

11. 指北针

平面图上应有指北针，其形状宜按图 2-15 绘制。圆的直径宜为 24 mm，采用细实线绘制；指北针头部应注“北”或“N”字，尾部的宽度宜为 3 mm。当需要以较大直径绘制指北针时，指针尾部宽度宜为直径的 1/8。指北针宜绘制在平面图的右上角。指北针也可用风玫瑰图代替。

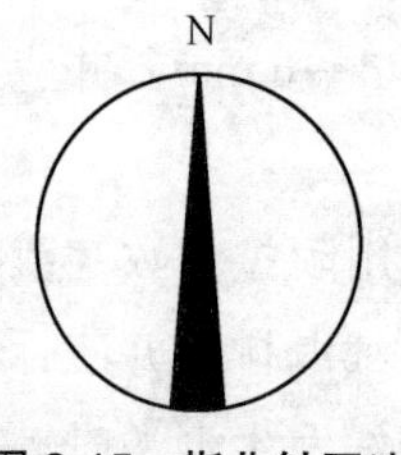

图 2-15　指北针画法

二、常用代号和图形符号

流程图和系统图中的管线、设备、阀门和管件宜用管道代号和图形符号表示。同一燃气工程图样中所采用的代号、线型和图形符号宜集中列出，并加以注释。标准示例中未列出的管道代号和图形符号，可自行定义。具体要求应满足现行行业标准《燃气工程制图标准》（CJJ/T 130）要求。

三、图样内容及画法

1. 一般规定

燃气工程各设计阶段的设计图纸应满足相应的设计要求。图面应突出重点、布置匀称，并应合理选用比例，凡能用图样和图形符号表达清楚的内容不宜采用文字说明。有关全项目的问题应在首页说明，局部问题应注写在对应图纸内。

图名的标注方式宜符合下列规定：当一张图中仅有一个图样时，可在标题栏中标注图名；当一张图中有 2 个及 2 个以上图样时，应分别标注各自的图名，且图名应标注在图样的下方正中。

图面布置宜符合下列规定：当在一张图内布置 2 个及 2 个以上图样时，宜按平面图在下，正剖面图在上，侧剖面图、流程图、管路系统图或详图在右的原则绘制；当在一张图内布置 2 个及 2 个以上平面图时，宜按工艺流程的顺序或下层平面图在下、上层平面图在上的原则绘制；图样的说明应布置在图面右侧或下方。

在同一套工程设计图纸中，图样线宽、图例、术语、符号等绘制方法应一致。

设备材料表应包括设备名称、规格、数量、备注等栏；管道材料表应包括序号（或编号）、材料名称、规格（或物理性能）、数量、单位、备注等栏。

图样的文字说明，宜以“注：”“附注：”或“说明：”的形式书写，并用“1、2、3……”进行编号。

简化画法宜符合下列规定：2 个及 2 个以上相同的图形或图样，可绘制其中的一个，其余的可采用简化画法；2 个及 2 个以上形状类似、尺寸不同的图形或图样，可绘制其中的一个，其余的可采用简化画法，但尺寸应标注清楚。

2. 图样内容及画法

燃气厂站工艺流程图的绘制应符合下列规定：工艺流程图应采用单线绘制，可不按比例绘制。其中，燃气管线应采用粗实线，其他管线应采用中线（实线、虚线、点画线），设备轮廓线应采用细实线。工艺流程图应绘出燃气厂站内的工艺装置、设备与管道间的相对关系，以及工艺过程进行的先后顺序。当绘制带控制点的工艺流程图时，应同时符合自控专业制图的规定。工艺流程图应绘出全部工艺设备，并标注设备编号或名称。工艺设备应按设备形状用细实线绘制或用图形符号表示。工艺流程图应绘出全部工艺管线及必要的公用管线，按照各设计阶段的不同深度要求，工艺管线应注明管道编号、管道规格、介质流向，公用管线应注明介质名称、流向和必要的参数等。应绘出管线上的阀门等管道附件，但不包括管道的连接件。管道与设备的接口方位宜与实际情况相符。管线应采用水平和垂直绘制，不宜用斜线绘制。管线不应穿越设备图形，应减少管线交叉；当有交叉时，主要管路应连通，次要管路可断开。当有 2 套及 2 套以上相同系统时，可只绘制一套系统的工艺流程图，其余系统的相同设备及相应阀件等可省略，但应表示出相连支管，并标明设备编号。

燃气厂站总平面布置图的绘制应符合下列规定：应绘出厂站围墙内的建（构）筑物轮廓、装置区范围、处于室外及装置区外的设备轮廓；工程设计阶段的总平面布置图应在现状实测地形图的基础上绘制，对于邻近燃气厂站的建（构）筑物及地形、地貌应表示清楚。应绘出指北针或风玫瑰图。图中的建（构）筑物应标注编号或设计子项分号。对应编号或设计子项分号应给出建（构）筑物一览表；表中应注明各建（构）筑物的层数、占地面积、建筑面积、结构形式等。图中应标出有爆炸危险的建（构）筑物与厂站内外其他建（构）筑物的水平净距。图中应标出厂站围墙、建（构）筑物、装置区范围、征地红线范围等的四角坐标；对处于室外及装置区外的设备，应标出其中心坐标。图中应用粗实线表示新建的建（构）筑物，用粗虚线表示预留建设的建（构）筑物，用细实线表示原有的建（构）筑物。图中应给出厂站的占地面积、建筑物的占地面积、建筑面积、建筑系数、绿化系数、围墙长度、道路及回车场地面积等主要技术指标。

燃气厂站设备和管道安装图的绘制应符合下列规定：设备和管道的安装图应按照设计子项分号分别进行设计。安装图应包括平面图、剖面图及剖视图。设备和管道安装的平面图应在设计子项的建筑平面图、结构平面图或总平面布置图的基础上绘制。应绘出设计子项内的燃气工艺设备的外轮廓线和管道，并给出设备和管道安装的定位尺寸。应按建筑图标出建（构）筑物的轴线号及主要尺寸，并应绘出墙、门、窗、柱、楼梯和操作平台等。平面图中应绘出指北针或风玫瑰图。在平面图上不能表示清楚的位置，应绘制设备和管道安装的剖面图或剖视图。剖面图、剖视图应绘出剖切面投影方向可见的建（构）筑物、设备的外轮廓线和管道，并应标出设备和管道安装的定位尺寸与标高。安装图中的管道编号应与流程图中的管道编号一致，并标注在管道的上方或左侧；也可用细实线引至空白处，标出管道编号、规格、材质、输送介质等。安装图中的设备轮廓线应采用细实线绘制。设备编号应与设备明细表一致；当设备有操作平台时，还应标出操作平台的标高。安装图中应给出设备明细表，表中应注明设备的编号、名称、规格、工艺参数、材料、数量、加工图或通用图图号、选型所执行的现行国家相关标准等内容。安装图中直径小于300 mm的管道宜采用单条粗实线绘制，直径大于或等于300 mm的管道宜采用两条粗实线绘制，法兰宜采用两条细实线绘制。埋地管道应采用粗虚线绘制，管沟内的管道应采用单粗实线绘制，并用细实线绘制出管沟的边缘。安装图中的工艺管道应给出管道标高，并应注明坡度、坡向和介质流向。安装图中应绘出管道的支架、吊架，给出定位尺寸，并编号。总图和罐区支架宜列出支架一览表，给出支架中心坐标、管道标高、支架顶标高、地面标高、支架长度等。平面图中应标注设计子项建（构）筑物的定位坐标和设备基础的定位尺寸。当有储罐区时，应标注防液堤的四角坐标。剖面图、剖视图中应标出设备的安装高度、设备基础高度和设备进出口管道的标高。图中应标示出管道转弯、交叉等的方向和标高变化。对于非标设备，应绘制管口方位图，并列出管口表，标明管口的压力等级、连接方式和用途等。与其他设计子项相接的管道应注明续接的子项分号和图号。当管道超出本图图幅时，应注明续接图纸的图号。

小区和庭院燃气管道施工图的绘制应符合下列规定：小区和庭院燃气管道施工图应绘制燃气管道平面布置图，可不绘制管道纵断面图。当小区较大时，应绘制区位示意图对燃气管道的区域进行标识。燃气管道平面图应在小区和庭院的平面施工图、竣工图或实际测绘地形图的基础上绘制。图中的地形、地貌、道路及所有建（构）筑物等均应采用细线绘制。应标注出建（构）筑物和道路的名称，多层建筑应注明层数，并应绘出指北针。平面图中应绘出中压、低压燃气管道和调压站、调压箱、阀门、凝水缸、放水管等，燃气管道应采用粗实线绘制。平面图中应给出燃气管道的定位尺寸。平面图中应注明燃气管道的规格、长度、坡度、标高等。燃气管道平面图中应注明调压站、调压箱、阀门、凝水缸、放水管及管道附件的规格和编号，并给出定位尺寸。平面图中不能标示清楚的地方，应绘制局部大样图。局部大样图可不按比例绘制。平面图中宜绘出与燃气管道相邻或交叉的其他管道，并注明燃气管道与其他管道的相对位置。

室内燃气管道施工图的绘制应符合下列规定：室内燃气管道施工图应绘制平面图和系统图。当管道、设备布置较为复杂，系统图不能标示清楚时，宜辅以剖面图。室内燃气管道平面图应在建筑物的平面施工图、竣工图或实际测绘平面图的基础上绘制。平面图应按直接正投影法绘制。明敷的燃气管道应采用粗实线绘制；墙内暗埋或埋地的燃气管道应采用粗虚线绘制；图中的建筑物应采用细线绘制。平面图中应绘出燃气管道、燃气表、调压器、阀门、燃具等。平面图中燃气管道的相对位置和管径应标注清楚。系统图应按45°正面斜轴测法绘制。系统图的布图方向应与平面图一致，并应按比例绘制；当局部管道按比例不能标示清楚时，可不按比例绘制。系统图中应绘出燃气管道、燃气表、调压器、阀门、管件等，并应注明规格。系统图中应标出室内燃气管道的标高、坡度等。室内燃气设备、入户管道等处的连接做法，宜绘制大样图。

高压输配管道走向图、中低压输配管网布置图的绘制应符合下列规定：高压输配管道、中低压输配管网布置图应在现有地形图、道路图、规划图的基础上绘制。图中的地形、地貌、道路及所有建（构）筑物等均应采用细线绘制，并应绘出指北针。图中应标示出各厂站的位置和管道的走向，并标注管径。按照设计阶段的不同深度要求，应标示出管道上阀门的位置。燃气管道应采用粗线（实线、虚线、点画线）绘制，当绘制彩图时，可采用同一种线型的不同颜色来区分不同压力级制或不同建设分期的燃气管道。图中应标注主要道路、河流、街区、村镇等的名称。

高压、中低压燃气输配管道平面施工图的绘制应符合下列规定：高压、中低压燃气输配管道平面施工图应在沿燃气管道路由实际测绘的带状地形图或道路平面施工图、竣工图的基础上绘制。图中的地形、地貌、道路及所有建（构）筑物等均应采用细线绘制，并应绘出指北针。宜采用幅面代号为A2或A2加长尺寸的图幅。图中应绘出燃气管道及与之相邻、相交的其他管线。燃气管道应采用粗实线单线绘制，其他管线应采用细实线、细虚线或细点画线绘制。图中应注明燃气管道的定位尺寸，在管道起点、止点、转点等重要控制点应标注坐标；管道平面弹性敷设时，应给出弹性敷设曲线的相关参数。图中应注明燃气管道的规格，其他管线宜标注名称及规格。图中应绘出凝水缸、放水管、阀门和管道附件等，并注明规格、编号及防腐等级、做法。当图中三通、弯头等处不能标示清楚时，应绘制局部大样图。图中应绘出管道里程桩，标明里程数。里程桩宜采用长度为3 mm垂直于燃气管道的细实线表示。图中管道平面转点处，应标注转角度数。应绘出管道配重稳管、管道锚固、管道水工保护等的位置、范围，并给出做法说明。对于采用定向钻方式的管道穿越工程，宜绘出管道入土、出土处的工作场地范围；对于架空敷设的管道，应绘出管道支架，并应给出支架、支座的形式、编号。当平面图的内容较少时，可作为管道平面示意图并入燃气输配管道纵断面图中。当两条燃气管道同沟并行敷设时，应分别进行设计。设计的燃气管道应用粗实线表示，并行燃气管道应用中虚线表示。

高压、中低压燃气输配管道纵断面施工图的绘制应符合下列规定：高压、中低压燃气输配管道纵断面施工图应在沿燃气管道路由实际测绘的地形纵断面图或道路纵断面施工图、竣工图的基础上绘制。宜采用幅面代号为A2或A2加长尺寸的图幅。对应标高标尺，应绘出管道路由处的现状地面线、设计地面线、燃气管道及与之交叉的其他管线。穿越有水的河流、沟渠、水塘等处应绘出水位线。燃气管道应采用中粗实线双线绘制。现状地面线、其他管线应采用细实线绘制；设计地面线应采用细虚线绘制。应绘出燃气管道的平面图。对应平面图中的里程桩，应分别标明管道里程数、原地面高程、设计地面高程、设计管底高程、管沟挖深、管道坡度等。管道纵向弹性敷设时，图面应标注出弹性敷设曲线的相关参数。图中应绘出凝水缸、放水管、阀门、三通等，并注明规格和编号。应绘出管道配重稳管、管道锚固、管道水工保护、套管保护等的位置、范围，并给出做法说明及相关的大样图。对于采用定向钻方式的管道穿越工程，应在管道纵断图中绘出穿越段的土壤地质状况。对于架空敷设的管道，应绘出管道支架，并给出支架、支座的形式、编号、做法。应注明管道的材质、规格及防腐等级、做法。宜注明管道沿线的土壤电阻率状况和管道施工的土石方量。图中管道竖向或空间转角处，应标注转角度数及弯头规格。对于顶管穿越或加设套管敷设的管道，应标注出套管的管底标高，应标出与燃气管道交叉的其他管线及障碍物的位置及相关参数。

四、室内燃气工程施工图

1. 室内燃气系统（居民用户）的构成

燃气管道进入居民用户有中压进户和低压进户两种方式，其室内燃气系统的构成大同小异。我国主要采用低压进户方式，居民用户的室内燃气系统一般由用户引入管、水平干管、燃气立管、用户支管、燃气计量表、燃气用具连接管和燃气用具组成。中压进户时，还设有调压（减压）装置。

用户引入管一般是指距建筑物外墙 2 m 起到进户总阀门止的这

段燃气管道。用户引入管与城镇管网或庭院低压分配管道连接，把燃气引入室内。用户引入管末端设进户总阀门，用于室内燃气系统在事故或检修情况下关闭整个系统。进户总阀门一般设置在室内，对重要用户应在室外另设阀门。

水平干管（又称水平盘管）是指当一根用户引入管连接多根立管时，各立管与引入管的连接管。水平干管一般敷设在楼梯间或辅助房间的墙壁上。

燃气立管是多层（及高层）居民住宅的室内燃气分配管道，一般敷设在厨房或走廊内。当燃气输配系统较复杂时，还可设总立管，由总立管引出到用户立管，再进入户内。

用户支管从燃气立管引出，连接每一户居民的室内燃气设施。用户支管上应设置旋塞阀（俗称表前阀）和燃气计量表。表前阀用于事故或检修情况下关断该居民用户的燃气管路，燃气计量表用于计量该用户的用气量。

燃气用具连接管是指连接用户支管与燃气用具的管段，由于该管段一般为垂直管段，因此也称下垂管。在用具连接管上，距地面1.5 m左右装有旋塞阀（俗称灶前阀），用于关闭燃气用具的气源。

中压进户和低压进户的室内燃气系统差别不大，中压进户时只是在用户支管上的旋塞阀与燃气计量表之间加装一个用户调压器（或其他减压装置），以调节燃气用具前的燃气压力为低压。

2. 室内燃气工程施工图的图示内容和图示方法

室内燃气工程施工图应绘制平面图和系统图。当管道、设备布置较为复杂，系统图不能表示清楚时，宜辅以剖面图。室内燃气设备、入户管道等处的连接做法宜绘制详图（大样图）。

（1）室内燃气平面图

室内燃气平面图应能较全面地反映该工程中调压器、计量表具、燃气用具、燃气管道及管道附件的平面特征和与之相关的其他设计内容，如图 2-16 所示。

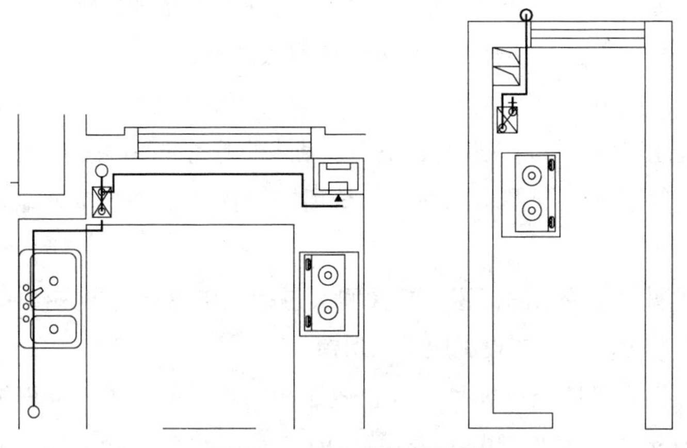

图 2-16　室内燃气平面图

室内燃气管道平面图应在建筑物的平面施工图、竣工图或实际测绘平面图的基础上绘制。室内燃气管道平面图应按直接正投影法绘制。明敷的燃气管道应采用粗实线绘制；墙内暗埋或埋地的燃气管道应采用粗虚线绘制；图中的建筑物应采用细线绘制。

一般情况下，应绘制引入管所在层平面图、标准层平面图和特殊层平面图。但在下列情况下可予以简化：当建筑物标准层与引入管所在层的厨房个数和建筑平面布置完全相同时，标准层平面图可省略；此时应在引入管所在层的平面图上注明标准层厨房布置和燃气配管与引入管所在层相同，并在图中注明所有省略楼层的替代标高；对于建筑户型较少，其图纸重复利用率较高的项目，可按户型绘制厨房平面图和轴测图，此时应注明各种户型设计内容所适用的建筑物编号；没有地上暗厨房（无直通室外的门和窗的厨房称为暗厨房）和建筑物有跃层及退层的厨房平面图不宜省略。

平面图中应绘出燃气管道、燃气表、调压器、阀门、燃具等。

特殊部位宜绘制大样图或采用标准图。

平面图中应标注燃气引入管、水平干管及较长燃气支管的管径及其代号标记；中压进户的项目应同时注明中压和低压管道的压力级制代号；套管管径及代号可列表或用其他方式说明。

平面图中应标出房间功能名称、建筑物主轴线和各层的标高。同时，宜注明引入管、立管与建筑物主轴线的距离或与墙面的净距。

一般应在平面图中标注引入管所在层次建筑物的室外地坪设计标高。

底图中建筑物的门窗、楼梯间（包括跃层建筑的户内楼梯）、建筑退层、厨房等主要设施应予以保留。

燃气立管应予以编号，且宜放在相同直径的圆中。立管编号可用“RLn”（或其他符号）表示，“RL”表示燃气立管，“n”表示立管的序号。一般情况下，立管编号宜按建筑物轴线的序号或按气流方向有规律地编写，一幢建筑物的立管编号不应重复。

设计户数及特殊事宜。例如，设计户数与本张图相同的层次、暗厨房、退层和跃层的设置情况等，应在该建筑物的第一张平面图中注明。

（2）室内燃气系统图

室内燃气系统图应能全面系统地反映该工程中调压器、燃气表、燃气用具、燃气管道及管道附件的竖向特征及之间的相互关系；应能准确地反映该工程中调压器、计量表具、燃气用具及主要管道附件与建筑物及其构件垂直方向的相互关系。

系统图应按45°正面斜轴测法绘制。系统图的布图方向应与平面图一致，并应按比例绘制；当局部管道按比例不能表示清楚时，可不按比例绘制。

系统图与平面图的绘制范围应一致，系统图中立管的编号应与平面图中立管的编号一一对应。

当某根立管与另一根立管完全相同或完全对称时，在保证视图清晰、图面布局合理的前提下，系统图中可合并绘制。

系统图中一般应包含下列内容：调压器、燃气表、燃气用具、燃气管道、阀门、建筑楼层、套管、金属软管、燃气专用软管、承重支架或固定支架及主要管道附件等；管道的材质代号及规格，需要时还应标注管道的压力级制代号；管道的管径和变径点；系统特征点及管道标高变化后的标高；输送湿燃气时，还应标注坡向和坡度等。

燃气管道管径的标注。同一管径的直管段宜在两端，较长直管段宜在其两端和中间标注管径；非直线管段的管径宜标注在起弯处和其他便于阅图的地方；当管段较短时，可将管径标注在此管段的中间；不同管径的管段宜标注在变径点前、后和另外两端。

标高的标注。下列部位一般应标注标高：建筑物首层(±0.000)、各楼层（需要时包括屋面）设计标高和建筑物室外地坪设计标高；立管阀门、进户三通、金属软管、二次登高管、用户支管、架空楼前管、屋顶水平管及不设在楼板上的承重支架处；燃气管道标高突变时的起点、止点和较长水平管段的两端；计量表底；燃气用具接管处等。

坡向及坡度的标注。需要设计坡度的水平管道应标注坡向及坡度；燃气管道的坡向和坡度一般宜同时标注；常用坡度可在设计说明中叙述。

3. 室内燃气工程详图

平面图和系统图的比例一般较小，很多细节部分表达不清楚，常用较大比例的详图对室内燃气设备、入户管道等处的连接做法及特殊节点绘制详图。

五、室外燃气工程施工图

1. 室外燃气管网系统的构成

室外燃气管网系统一般由以下几个部分组成：各种压力的燃气管道；用于燃气输配、储存和应用的燃气分配站、储气站、压送机站、调压计量站等各种站室；监控及数据采集系统。

2. 室外燃气管道施工图的图示内容和图示方法

室外燃气管道施工图主要包括小区和庭院燃气管道施工图（一般为燃气管道平面布置图）、燃气输配管道平面施工图、燃气输配管道纵断面施工图 3 个部分。

（1）小区和庭院燃气管道施工图

小区和庭院燃气管道施工图应绘制燃气管道平面布置图，可不绘制管道纵断面图。当小区较大时，应绘制区位示意图对燃气管道的区域进行标识。

燃气管道平面布置图应在小区和庭院的平面施工图、竣工图或实际测绘地形图的基础上绘制。图中的地形、地貌、道路及所有建（构）筑物等均应采用细线绘制。应标注出建（构）筑物和道路的名称，多层建筑应注明层数，并应绘出指北针。

燃气管道平面布置图中应绘出中压、低压燃气管道和调压站、调压箱、阀门、凝水缸、放水管等，燃气管道应采用粗实线绘制。

燃气管道平面布置图中应给出燃气管道的定位尺寸。

燃气管道平面布置图中应注明燃气管道的规格、长度、坡度、标高等。

燃气管道平面布置图中应注明调压站、调压箱、阀门、凝水缸、放水管及管道附件的规格和编号，并给出定位尺寸。

燃气管道平面布置图中不能标示清楚的地方，应绘制局部大样图。局部大样图可不按比例绘制。

燃气管道平面布置图中宜绘出与燃气管道相邻或交叉的其他管道，并注明燃气管道与其他管道的相对位置。

（2）燃气输配管道平面施工图

高压、中低压燃气输配管道平面施工图应在沿燃气管道路由实际测绘的带状地形图或道路平面施工图、竣工图的基础上绘制。图中的地形、地貌、道路及所有建（构）筑物等均应采用细线绘制，并应绘出指北针。

燃气输配管道平面施工图宜采用幅面代号为 A2 或 A2 加长尺寸的图幅。

燃气输配管道平面施工图中应绘出燃气管道及与之相邻、相交的其他管线。燃气管道应采用粗实线单线绘制，其他管线应采用细实线、细虚线或细点画线绘制。

燃气输配管道平面施工图中应注明燃气管道的定位尺寸，在管道起点、止点、转点等重要控制点应标注坐标；管道平面弹性敷设时，应给出弹性敷设曲线的相关参数。

燃气输配管道平面施工图中应注明燃气管道的规格，其他管线宜标注名称及规格。

燃气输配管道平面施工图中应绘出凝水缸、放水管、阀门和管道附件等，并注明规格、编号及防腐等级、做法。

当燃气输配管道平面施工图中三通、弯头等处不能标示清楚时，应绘制局部大样图。

燃气输配管道平面施工图中应绘出管道里程桩，标明里程数。里程桩宜采用长度为 3 mm 的垂直于燃气管道的细实线表示。

燃气输配管道平面施工图中管道平面转点处，应标注转角度数。

燃气输配管道平面施工图应绘出管道配重稳管、管道锚固、管道水工保护等的位置和范围，并给出做法说明。

对于采用定向钻方式的管道穿越工程，宜绘出管道入土、出土处的工作场地范围；对于架空敷设的管道，应绘出管道支架，并应给出支架、支座的形式、编号。

当燃气输配管道平面施工图的内容较少时，可作为燃气管道平面布置图并入燃气输配管道纵断面图中。

当两条燃气管道同沟并行敷设时，应分别进行设计。设计的燃气管道应用粗实线表示，并行燃气管道应用中虚线表示。

（3）燃气输配管道纵断面施工图

高压、中低压燃气输配管道纵断面施工图应在沿燃气管道由实际测绘的地形纵断面图或道路纵断面施工图、竣工图的基础上绘制。

燃气输配管道纵断面施工图宜采用幅面代号为 A2 或 A2 加长尺寸的图幅。

燃气输配管道纵断面施工图对应标高标尺，应绘出管道的现状地面线、设计地面线、燃气管道及与之交叉的其他管线。穿越有水的河流、沟渠、水塘等处应绘出水位线。燃气管道应采用中、粗实线双线绘制。现状地面线、其他管线应采用细实线绘制；设计地面线应采用细虚线绘制。

燃气输配管道纵断面施工图应绘出燃气管道平面布置图。

对应燃气管道平面布置图中的里程桩，应分别标明管道里程数、原地面高程、设计地面高程、设计管底高程、管沟挖深、管道坡度等。

管道纵向弹性敷设时，燃气输配管道纵断面施工图应标注出弹性敷设曲线的相关参数。

燃气输配管道纵断面施工图中应绘出凝水缸、放水管、阀门、三通等，并注明规格和编号。

燃气输配管道纵断面施工图应绘出管道配重稳管、管道锚固、管道水工保护、套管保护等的位置和范围，并给出做法说明及相关的大样图。

对于采用定向钻方式的管道穿越工程，应在管道纵断图中绘出穿越段的土壤地质状况。对于架空敷设的管道，应绘出管道支架，并给出支架、支座的形式、编号、做法。

应注明管道的材质、规格及防腐等级、做法。

宜注明管道沿线的土壤电阻率状况和管道施工的土石方量。

燃气输配管道纵断面施工图中管道竖向或空间转角处，应标注转角度数及弯头规格。

对于顶管穿越或加设套管敷设的管道，应标注套管的管底标高。

应标出与燃气管道交叉的其他管线和障碍物的位置及相关参数。

第二节　安全基本常识

一、安全生产监管职责

燃气行业的安全生产监管，是在政府部门的领导下，组织建立健全燃气管理工作协调和燃气事故应急处理机制；同时按照安全生产属地管理原则，通常由住房和城乡建设部门负责本行政区域内燃气安全管理工作，相关职能部门予以配合；燃气企业作为建设和运营单位，需严格落实《安全生产法》“五到位”的要求，依法从事燃气生产经营活动，确保所供燃气符合国家质量安全标准要求；必须按照“五落实”的要求，建立健全企业安全生产组织领导机构和管理机构，明确责任分工，配齐配强专业安全管理人员，并落实安全生产报告制度，定期向社会公示。严格落实教育培训、隐患治理、应急救援等安全措施，配备专职安全生产管理人员，加大安全生产投入，改善安全生产条件。

二、燃气经营企业的安全管理

防止燃气安全生产事故发生，将安全隐患消灭在萌芽状态，燃气经营企业应制定安全生产管理制度和检查与考核制度，积极开展安全性评价、风险评估和安全检查工作，定期组织员工培训，实行持证上岗，严格遵守公司各项制度，按照操作规程操作。

1）建立健全安全生产管理制度（详见第三章第一节），明确《安全生产法》中“管业务必须管安全，管生产经营必须管安全”的要求，落实好安全生产责任制，对各级各类人员及各部门在安全生产工作中的责、权、利进行明确规定，通过与各级各类人员层层落实签订《安全生产责任书》的形式，逐级落实安全生产责任，并按要求追究其责任。

2）积极开展安全性评价和风险评估工作。按照全国城镇燃气安全排查整治工作方案，结合当地燃气主管部门要求和企业战略发展需求，对本区域燃气管道设施进行全方位的安全评估，根据安全评估情况，制订燃气管道设施更新改造计划，并报当地政府主管部门。定期对液化石油气储配站及供应站、燃气门站、调压站（柜）、LNG 应急调峰站等站内危险源进行综合性安全评价，有针对性地采取措施实施危险源控制管理。对运行设备按照年限、腐蚀程度及危害程度进行划分评价，制订巡视监控计划，为应对突发事故应制订应急抢险预案，并加以演练，确保设备及管道设施安全运行。

3）制定与完善入户安全检查制度，全面排查整治燃气使用环节安全隐患。联合执法部门，重点整治违规改造室内燃气管道、私接“三通”、气瓶间违规设置在地下室和半地下室内、气瓶间与厨房间通风不畅、擅自将气瓶放置于室内用餐场所、使用不合格的“瓶灶管阀”、改变厨房用途、使用无熄火保护装置灶具和商业用户未按要求安装燃气泄漏报警器等问题隐患。

4）开展多种形式、有针对性的安全检查。安全检查是发现消除隐患，落实各项安全措施，预防事故的重要手段。认真落实安全检查制度，并结合季节特点开展有针对性的专项检查，通过检查及时发现操作人员、设备、工具、作业环境等方面存在的安全隐患，采取有效的安全措施，及时彻底地消除安全隐患，杜绝事故发生。

5）加强员工的安全教育、培训工作。重点把握好培训的对象、内容、形式、效果4个环节，做到培训内容有针对性、培训对象有层次性、培训形式多样性。增强员工安全意识、提高安全技术水平和应变能力，消除员工在安全生产上的麻痹大意思想和侥幸心理，严格按照操作规程操作。定期组织培训考试，实行持证上岗，严格执行省内安全生产管理人员有关规定要求。

6）加强检查与考核制度建设，实现决策、检查、控制、落实的良性循环。检查不应流于形式，而应带有目的性；检查不应浮在一定层面，而应深入一线；检查不应查出无果，而应限期整改；检查不应改而无事，而应追究当事人及负责人的责任；检查不应查一处改一处，而应举一反三，建立预案，防患于未然。这样检查的广度、深度和力度有利于对安全进行管控，实现决策、检查、控制、落实的良性循环。

三、燃气设施管控

1. 管控范围要求

根据《中华人民共和国石油天然气管道保护法》和《城镇燃气项目规范》（GB 55009）的规定，按照燃气管道及附属设施保护范围和控制范围实施管控，见表2-5。

表 2-5 燃气管道及附属设施保护范围和控制范围

序号	控制内容	保护范围	控制范围	禁止活动
1	中压管道及设施外边缘两侧	1.5 m 范围内	1.5～6 m	建设建筑物、构筑物或其他设施；进行爆破、取土等作业；倾倒、排放腐蚀性物质；放置易燃易爆危险物品；种植根系深达管道埋设部位可能损坏管道本体及防腐层的植物；其他危及燃气设施安全的活动
2	次高压管道及设施外边缘两侧	2 m 范围内	2～20 m	
3	高压管道及设施外边缘两侧	5 m 范围内	5～50 m	

在燃气设施两侧保护范围内，实施铺设管道、打桩、顶进、挖掘、钻探等可能影响燃气设施安全的活动，应做好沟通与协调工作，实施前与管道燃气运营企业现场确定燃气管道设施具体位置，共同制订燃气设施保护方案，并采取相应的安全保护措施。在燃气设施两侧控制范围内，从事国家法律法规及规范禁止的危害管道安全的活动时，实施前应与管道燃气运营企业制订燃气设施保护方案并采取安全保护措施。通过保护或控制范围管控，可以预防燃气管道设施被损坏风险，保证燃气管道设施正常运行，同时实现保护或控制范围内地下空间有效利用。

燃气管道线路及场站位置应避开危险化学品生产、经营（带储存）、重大危险源企业区域。当无法避让时，严格按照国家法律法规及规范进行间距控制。燃气管道与轨道、铁路、公路、河流的平行间距和穿越形式应满足国家法律法规及相关规范规定和管理单位的要求。

2. 与轨道交通相关的管控要求

燃气管道线路及场站应避开轨道交通控制保护区范围，当无法避让或存在交叉冲突节点时，应根据当地政府文件要求，在办理建设工程规划许可和施工许可前，提出技术审查申请，审查通过后，再按照轨道交通管理部门的要求办理相关手续，并做好沟通与协调工作，确保天然气输配系统的实施不影响轨道交通的运营和建设，为规划轨道交通项目未来建设实施预留相关工程条件。

3. 与铁路交通相关的管控要求

燃气管道线路及场站应避开铁路控制保护区范围，当无法绕避或必须穿越铁路时，在建设阶段应根据《铁路运输安全保护条例》和《高速铁路安全防护管理办法》的要求，做好与铁路运输企业沟通和协调工作，按照程序办理相关手续。经铁路运输企业同意后，签订安全协议，遵守施工安全规范，按照审批通过的施工图及施工方案施工，采取保护措施，保证铁路运输安全。

4. 与公路交通相关的管控要求

燃气管道线路及场站应尽量避开公路控制保护区范围。在建设阶段，因线路位置受限，燃气管道必须在国道、省道、高速公路控制保护区范围内或穿越公路，应根据《公路安全保护条例》的要求，做好与公路管理部门的沟通和协调工作，按照公路管理部门的要求办理相关手续。若影响交通安全，还应征得公安机关交通管理部门的同意。

5. 与河道水系相关的管控要求

燃气管道线路及场站应避开河道堤防控制保护区范围，当无法绕避或必须穿越河道时，在建设阶段，应根据当地河道管理条例等法律法规要求，做好与河道管理部门的沟通与协调工作，按照河道管理部门的要求办理相关手续，经河道管理部门批准同意后，按照审批通过的施工图和施工方案进行施工，保证河道堤防及水系安全。

6. 与生态保护区相关的管控要求

燃气管道线路应结合国土空间总体规划，避开森林、草原、湿地、公园、水源保护区等生态保护红线范围。当无法绕避时，在建设阶段，根据《中华人民共和国环境保护法》和相关法律法规的要求，做好所属管理部门沟通与协调工作，按照所属管理部门要求办理相关手续。占用林地或采伐林木，需办理林地占用征用审批手续或办理林木采伐许可证；压占森林公园用地，需办理森林公园经营范围调整手续；管道经过饮用水水源保护区，需按照《中华人民共和国水污染防治法》的要求办理相关手续。

7. 与建（构）筑物或其他管线相关管控要求

燃气管道与建（构）筑物或其他管线的安全净距，严格按照现行国家标准《城镇燃气设计规范》（GB 50028）执行。中压及次高压地下燃气管道与建（构）筑物或其他现状管线沿线敷设时水平净距应满足《城镇燃气设计规范》（GB 50028）第 6.3.3 条表 6.3.3-1 中的规定，交叉穿越时，与构筑物或其他现状管线垂直净距应满足《城镇燃气设计规范》（GB 50028）第 6.3.3 条表 6.3.3-2 中的规定。高压地下燃气管道建筑物之间水平净距应满足《城镇燃气设计规范》（GB 50028）第 6.4.11 条、第 6.4.12 条、第 6.4.13 条、第 6.4.15 条的规定，与构筑物或其他现状管线的水平净距或垂直净距，应满足《城镇燃气设计规范》（GB 50028）第 6.4.13 条的规定。通过安全净距管控，有效合理利用地下空间。

第三章

日常运行管理

第一节　基本要求

城镇燃气管道是一项服务于社会的公共基础设施，关系广大用户安全用气和生命财产的安全，对社会的稳定和发展具有重要的意义，必须引起高度重视。同时，在用燃气管道运行安全管理又是一项专业技术性很强的管理工作，管道燃气经营单位必须建立并规范组织保证体系，运用科学的管理手段和方法，按照标准的工作程序，实时监测监控，规范操作和检修，切实预防管道设施的失效或超负荷运行，以确保安全生产。

一、组织保证体系

管道燃气经营单位除应建立强有力的行政管理体系外，还应根据国家安全生产法律法规的规定，结合管道燃气运营的特点，建立一个完整的、分工明确的、各司其职而又密切配合和协作的运行安全管理体系，以确保管道设施系统安全、可靠的运行。

1. 安全管理机构

燃气管道运行重在安全管理。安全管理机构的设置要充分考虑安全生产的实际需要，并且要建立有权威、有执行力的安全管理领导组织。通常管道燃气经营单位的安全管理组织机构分为3个层次，即企业安全管理决策层（最高领导层）、职能科室管理层和基层单位安全生产执行层。

2. 管理职能

（1）企业安全管理决策层的主要职能

企业安全管理决策层的主要职能是贯彻执行国家安全生产相关法律法规的规定，确保安全生产；负责安全生产方针、目标、指标的确定，颁布企业内部规章制度和安全技术标准；建立并规范安全生产保证体系，确保各级安全管理组织的有效运行；保证安全生产投入的有效实施，提供必要的资源；组织制订并实施安全事故应急救援预案；对安全事故进行处理并对重大安全技术问题作出决策；任命各级安全生产管理者代表，落实安全责任。

（2）职能科室管理层的主要职能

贯彻并实施与健康、安全、环保、质量相关的法规和技术标准；负责编制和制定企业内部各项规章制度、质量和技术标准，并监督其实施；对生产过程各个环节进行协调和监督，对重大技术安全问题进行研讨和评估，提出对策意见；组织从业人员进行安全生产教育和培训，保证从业人员持证上岗，推行职业资格证制度；编制专项工作年度计划，并负责组织实施，定期向上级主管部门报告工作；查找安全隐患和缺陷，并督促及时整改，对事故进行调查、分析并提出处理意见；参与生产过程中的质量、技术、安全监督检查。

（3）基层单位安全生产执行层的主要职能

执行有关燃气管道安全管理法规和技术标准；执行工艺操作规程；执行持证上岗操作和职业资格证制度；执行现场巡回检查制度；编制并上报本部年度检验、修理和更新改造计划；负责本单位管道设施的规范操作、使用、管理和维护工作；参与新建、改建管道工程的竣工验收；参与事故调查分析；定期开展事故应急救援预案演练。

二、安全操作管理

燃气管道运营单位应根据生产工艺要求和管道技术性能，制定燃气管道安全操作规程，并严格实施。安全操作管理内容包括：

1）操作工艺控制指标，包括最高或最低工作压力、最高或最低操作温度、压力及温度波动范围、介质成分等控制值；

2）岗位操作法，开车、停车的操作程序及注意事项；

3）运行中应重点检查的部位和项目；

4）运行中的状态监测及可能出现的异常现象的判断、处理方法；

5）隐患、事故报告程序及防范措施；

6）安全巡查范围、要求及运行参数信息的处理；

7）机器停用时的封存和保养方法。

遇到以下异常情况，必须立即采取应急技术措施：介质压力、温度超过材料允许的使用范围，且采取措施后仍不见效；管道及管件发生裂纹、鼓瘪、变形、泄漏或异常振动、声响等；安全保护装置失效；发生火灾等事故且直接威胁正常安全运行；阀门、设备及监控装置失灵，危及安全运行。

第二节　日常管理

燃气管道在投入运行后，即转入运行日常管理。在用燃气管道由于介质和环境的侵害、操作不当、维护不力或管理不善，往往会发生安全事故。因此必须加强日常管理，强化控制工艺操作指标，只有严格执行安全操作规程，坚持岗位责任制，认真开展巡回检查和维护保养，才能保证燃气管道的安全运行。

一、运行操作要求

压力管道属于特种设备监察管理范畴。因此对燃气管道运行操作提出以下要求：操作人员必须经过质量技术监督机构专门培训，取得《特种设备作业人员证》方可独立上岗作业；操作人员必须熟悉燃气管道的技术特性、系统原理、工艺流程、工艺指标、可能发生的事故及应采取的措施；掌握“四懂”“三会”，即懂原理、懂结构、懂性能、懂用途，会使用、会维护保养、会排除故障；在管道运行过程中，操作人员应严格控制工艺指标、严禁超压超温，尽量避免压力和温度的大幅波动。

二、工艺指标的控制

1. 流量、压力和温度的控制

流量、压力和温度是燃气管道使用过程中几个主要的工艺控制指标，也是管道设计、选材、制造和安装的依据。操作时应严格控制燃气管道安全操作规程中规定的工艺指标，以保证安全运行。

2. 交变荷载的控制

燃气输配管道系统中常会反复出现压力波动，引起管道产生交变应力，造成管材疲劳、破坏。因此，运行中应尽量避免不必要的频繁加压、卸压和过大的温度波动，力求均衡运行。

3. 腐蚀介质的控制

在用燃气管道对腐蚀介质含量及工况有严格的工艺指标控制要求，腐蚀介质含量超标，必然对管道产生危害，因此应加强日常监控，防止产生腐蚀介质超标。

三、巡回检查

检查维修人员落实到位、职责明确，检查项目、检查内容和检查时间明确。检查人员应严格按职责范围和要求，按规定巡回检查路线，逐项、逐点检查，并做好巡回检查记录，发现异常情况及时报告和处理。

巡回检查的主要项目：各项工艺操作参数、系统运行情况；管道接头、阀门及管件密封情况，对穿越河流、桥梁、铁路、公路的燃气管道要定期重点检查有无泄漏或受损；检查管道防腐层、保温层是否完好；管道振动情况；管道支架、吊架的紧固、腐蚀和支撑情况，管架、基础完好状况；阀门等操作机构润滑状况；安全阀、压力表等安全保护装置运行状况；静电跨接、静电接地、抗腐蚀阴极保护装置的运行及完好状况；埋地管道地面标志、阀井完好情况；埋地管道覆土层完好情况；检查管道调长器、补偿器的完好情况；禁止管道及支架作电焊的零线搭接点、起重锚点或撬抬重物的支点。

四、维护保养主要内容

维护保养是延长管道设施使用寿命的基础。管道日常维护保养的主要内容如下：

对管道受损的防腐层及时进行维修，以保持管道表面防腐层完好，对阴极保护电位达不到规定值的，要及时更换或修复；阀门操作机构要经常除锈上油并定期进行操作活动，以保证开关灵活，此外还要经常检查阀杆处是否有泄漏，发现问题要及时处理；管线上的安全附件要定期检验和校验，并要经常擦拭，确保灵活、准确；管道附属设备、设施上的紧固件要保持完好，做到齐全、无锈蚀和连接可靠；管件上的密封件、密封填料要经常检查，确保完好无泄漏；管道因外界因素产生较大振动时，应采取措施加强支撑，隔断振源，消除摩擦；静电跨接、静电接地要保持完好，及时消除缺陷，防止故障发生；停用的燃气管道应排除管内的燃气，并进行置换，必要时充入惰性气体保护；及时消除跑、冒、滴、漏等问题；对高温管道，在开工升温过程中需对管道法兰连接螺栓进行热紧；对低温管道，在降温过程中需进行冷紧。

第三节　管道检验

根据《压力管道安全管理与监察规定》，压力管道使用单位负责本单位的压力管道安全管理工作，负责制订压力管道定期检验计划，安排附属仪器仪表、安全保护装置、测量调控装置的定期校验和检修工作。

在燃气输配系统中，站场内的工艺管道定期检验分为在线检验和全面检验。城镇运行的其他燃气管道应进行一般性检查（外部检查）与全面检验，其中全面检验可参照《在用工业管道定期检验规程》执行。

一、城镇燃气管道外部检查

为保证燃气管道的安全运行，每年应定期对燃气管道系统进行一次外部检查，发现问题及时处理。燃气管道系统的外部检查可由燃气管理与使用部门负责主持，并由质量技术监督部门监督进行，检验人员应由质量技术监督部门培训、考核合格的专业人员担任。外部检查的主要内容为：

1. 外观检查

外观检查的重点部位包括：工艺流程中重要部位及与重要设备连接的管道；施工安装条件差的管段；负荷变化频繁的管段；在施工、运行中，已掌握的比较薄弱并存在安全隐患的管段。

2. 泄漏检查

主要检查管件、焊缝、阀门、伸缩器连接处有无泄漏。

3. 安全附件检查

主要检查安全阀、压力表、调压装置等附件的灵敏性和工作性能是否完好。

4. 防腐、绝热层检查

检查跨越、入土端与出土端、露管段、阀室前后管道的绝热层与外防腐层是否完好；对设有外加电源阴极保护的管段或采用牺牲阳极保护的管道检测是否完好，并判断保护装置是否正常工作。

5. 电绝缘性能测试

绝缘法兰及跨越支架经绝缘性能测试，电阻值应小于 0.03 Ω；各种接地电阻是否符合规范要求；管道系统对地电阻值不得大于 100 Ω。

6. 管道支架和基础

管道支架和基础有无变形、倾斜、下沉等。

7. 燃气成分测定

对城镇燃气管道内介质腐蚀进行分析。

8. 检查评定

外部检查进行完毕后，应根据有关检验规程要求填写在用燃气管道一般性检验原始资料审查报告，并对检查结果进行分析，对出现异常的燃气管道应采取措施，使其恢复正常，并应做好在用燃气管道外部检查结论报告。检查结论评定分为允许运行、监督运行、停止运行。

1）允许运行：检查结果未发现问题，不存在安全运行的不利因素。

2）监督运行：检查发现缺陷，但经采取措施后能保证在检验周期内安全运行。

3）停止运行：检查发现缺陷，采取措施后仍影响安全运行，应停止运行，做进一步检查、整改。

二、在线检验

1. 一般规定

在线检验是在运行条件下对在用工业管道（站场内的燃气工艺

管道）进行的检验，每年至少一次。在线检验工作可由使用单位进行，使用单位也可将在线检验工作委托给具有压力管道检验资格的单位。使用单位应制定在线检验管理制度，从事在线检验工作的检验人员须经专业培训，并报省级或其授权的地（市）级质量技术监督部门备案。使用单位根据具体情况制订检验计划和方案，安排检验工作。

在线检验一般以宏观检查和安全保护装置检验为主，必要时进行测厚检查和电阻值测量。管道的下述部位为重点检查部位：

1）压缩机、泵的出口部位；

2）补偿器、三通、弯头（弯管）、大小头、支管连接及介质流动的死角等部位；

3）支吊架损坏部位附近的管道组成件以及焊接接头；

4）曾经出现过影响管道安全运行问题的部位；

5）处于生产流程要害部位的管段及与重要装置或设备相连接的管段；

6）工作条件苛刻及承受交变载荷的管段。

2. 检验项目及要求

在线检验开始前，使用单位应准备好与检验有关的管道平面布置图、管道工艺流程图、单线图、历次在线检验及全面检验报告、运行参数等技术资料，检验人员应在了解这些资料的基础上对管道运行记录、开停车记录、管道隐患监护措施实施情况记录、管道改造施工记录、检修报告、管道故障处理记录等进行检查，并根据实际情况制订检验方案。

检查的主要项目和内容如下：

1）泄漏检查。主要检查管道及其他组成件泄漏情况。

2）绝热层、防腐层检查。主要检查管道地热层有无破损、脱落、跑冷等情况；防腐层是否完好。

3）振动检查。主要检查管道有无异常振动等情况。

4）位置与变形检查。主要检查管道位置是否符合安全技术规范和现行国家标准的要求，管道与管道、管道与相邻设备之间有无相互碰撞及摩擦情况，管道是否存在挠曲、下沉以及异常变形等情况。

5）支吊架检查。主要检查支吊架是否脱落、变形、腐蚀损坏或焊接接头开裂；支架与管道接触处有无积水现象；恒力弹簧支吊架转体位移指示是否越限；变力弹簧支吊架是否异常变形、偏斜或失载；刚性支吊架状态是否异常；吊杆及连接配件是否损坏或异常；转导向支架间隙是否合适，有无卡涩现象；阻尼器、减震器位移是否异常，液压阻尼器液位是否正常；承载结构与支撑辅助钢结构是否明显变形，主要受力焊接接头是否有宏观裂纹。

6）阀门检查。主要检查阀门表面是否存在腐蚀现象，阀体表面是否有裂纹、严重偏孔等缺陷，阀门连接螺栓是否松动，阀门操作是否灵活。

7）法兰检查。主要检查法兰是否偏口，紧固件是否齐全并符合要求，有无松动和腐蚀现象；法兰面是否发生异常翘曲、变形。

8）膨胀节检查。主要检查波纹管膨胀节表面有无划痕、凹痕、腐蚀穿孔、开裂等现象；波纹管波间距是否正常、有无失稳现象；铰链型膨胀节的铰链、销轴有无变形、脱落等损坏现象；拉杆式膨胀节的拉杆、螺栓、连接支座有无异常现象。

9）阴极保护装置检查。对有阴极保护装置的管道应检查其保护装置是否完好。

10）管道标识检查。检查管道标识是否符合现行国家标准的相关规定。

3. 检验报告及问题处理

在线检验的现场检验工作结束后，检验人员应根据检验情况，认真、准确地填写在线检验报告。检验结论分为可以使用、监控使用、停止使用。在线检验报告由使用单位存档，以便备查。

在线检验发现管道存在异常情况和问题时，使用单位应认真分析原因，及时采取整改措施。重大安全隐患应报省级质量技术监督部门安全监察机构或经授权的地（市）级质量技术监督部门安全监察机构备案。

三、全面检验

1. 检验周期

全面检验是按一定的检验周期在在用工业管道停车期间进行的较为全面的检验。安全状况等级为 1 级和 2 级的在用工业管道，其检验周期一般不超过 6 年；安全状况等级为 3 级的在用工业管道，其检验周期一般不超过 3 年。

经使用经验和检验证明可以超出上述规定期限安全运行的管道，使用单位向省或其委托的地（市）级质量技术监督部门安全监察机构提出申请，经受理申请的安全监察机构委托的检验单位确认，检验周期可适当延长，但最长不超过 9 年。

2. 检验资格

在用工业管道全面检验工作由已经获得质量技术监督部门资格认可的检验单位进行（取得在用压力管道自检资格的使用单位可以检验本单位自有的在用压力管道，下同）。从事全面检验工作的检验人员应按《锅炉压力容器压力管道及特种设备检验人员资格考核规则》的要求，经考核合格并取得相应的检验人员资格证书（具备全面检验人员资格即具备在线检验人员资格），方可上岗。

3. 检验计划

使用单位负责制订在用工业管道全面检验计划，安排全面检验工作，按时向负责对其发放压力管道使用登记证的安全监察机构或其委托的检验单位申报全面检验计划和向检验单位申报全面检验。

4. 检验准备

（1）资料检验要求

对以下资料和资格证明进行审查：燃气管道设计单位资格、设计图纸、安装施工图及有关计算书等；燃气管道安装单位资格、竣工验收资料（含安装竣工资料、材料检验）等；管道组成件、管道支撑件的质量证明文件；在线检验（或一般性检查）要求检查的各种记录及该检验周期内的历次在线检验报告；管网系统运行资料，如燃气管道登记表、基本参数、技术状况、隐患缺陷、日常维护管理、巡查等有关记录；检验人员认为检验所需要的其他资料。

（2）检验方案

检验单位和检验人员应根据资料审查情况制订检验方案，并在检验前与使用单位落实检验方案。

5. 现场准备

使用单位应进行全面检验的现场准备工作，确保所提供检验的管道处于适宜的待检验状态；提供安全的检验环境，负责检验所必需的辅助工作（如拆除保温、搭脚手架、打磨除锈、配起重设置、提供检验用电、水、气等），并协助检验单位进行全面检验工作。

6. 全面检验项目

1）管网系统外部宏观检查项目：在线检验的宏观检查所包括的相关项目及要求；管道结构检查支吊架（墩）的间距是否合理，并对有柔性设计要求的管道，管道固定点或固定支吊架之间是否采用自然补偿或其他类型的补偿器结构；检查管道组成件有无损坏，有无变形，表面有无裂纹、皱褶、重皮、碰伤等缺陷；检查搭接接头（包括热影响区）是否存在宏观的表面裂纹或其他缺陷；检查管道是否存在明显的腐蚀，管道与管架（墩）接触处等部位有无局部腐蚀。

2）检查门站、储配站、调压站中的设备、管道、阀门运行状况，运行参数是否正常，有无漏气等不安全因素；有无出口压力超高现象；安全放散系统是否正常工作。

3）利用燃气检漏仪对城镇燃气各级压力管道沿线及阀井、套管、检查管、凝水缸等进行漏气检查。必要时应检查燃气管线邻近的下水窖井等是否有燃气泄漏。

4）重点检查穿越铁路、高速公路、主干道及河流的管道，检查穿越两端的阀门井、补偿器与检查管是否正常工作。管道的基础、护坡是否沉降、塌陷。

5）根据城镇燃气各级压力管网的设计、制作、施工安装与运行管理资料的分析，结合现场调查，确定埋地钢管腐蚀防护系统非开挖检测的重点管段位置。以非开挖检测技术检测管段的腐蚀防护系统是否有效，一般包括管道防腐层参数、防腐绝缘层破损点、牺牲阳极及外加电源阴极保护效果。

6）开挖后的燃气管道主要进行以下检验内容：外观检查包括防腐绝缘层情况、管道材质、连接情况、漏气点位置、漏气原因分析等；防腐绝缘层检查包括防腐绝缘层结构、厚度、黏结力及耐电压试验等内容的检测；管道壁厚与土壤腐蚀性能检查包括管道剩余壁厚的测定、计算管道的腐蚀速率，并通过土壤腐蚀性能及电阻率的测定，校核计算管道可继续使用年限；管体腐蚀状况与缺陷的无损检测；管道连接部位的检查包括铸铁管接口、塑料管连接部位与焊缝连接的检查，当发现钢管腐蚀开裂及存在缺陷的焊缝或可疑部位均应进行无损探伤。

7）当城镇燃气管网系统已接近使用年限，在进行全面检验时应根据情况综合分析，可对管道进行理化分析，理化分析包括化学成分、机械性能、硬度检测、冲击性能、金相试验等。

7. 检验安全注意事项

（1）一般检验

影响管道全面检验的附设部件或其他物体，应按检验要求进行清理或拆除；为检验而搭设的脚手架、轻便梯等设施，必须安全牢固，便于进行检验和检测工作；高温或低温条件下运行的燃气管道，应按照操作规程的要求缓慢地升温或降温，防止造成损伤；检验前，必须切断与管道或相邻设备有关的电源，拆除保险丝，并设置明显的安全标志；如需现场射线检验时，应隔离出透照区，设置安全标志。

（2）全面检验

将管道内部介质排除干净，用盲板隔断所有燃气的来源，设置明显的隔离标志；对管道进行置换、清洗，置换要采用安全气体；进入管道内部检验所用的灯具和工具的电源电压应符合现行相关规范的规定；检验用的设备和器具，应在有效的检定期内，经检查和校验合格后方可使用。

8. 全面检验记录与检验报告

城镇燃气管道全面检验后应如实记录检验的全过程情况，按压力管道全面检验规定，认真填好记录表，并出具全面检验报告。

（1）检验记录

在用燃气管道原始资料审查报告；在用燃气管道外防腐检测记

录表；在用燃气管道内部检查记录表；在用燃气管道壁厚检测记录表；在用燃气管道焊缝、承插口检测报告；在用燃气管道均匀腐蚀检测数据记录表；在用燃气管道压力试验记录；在用燃气管道敷设土壤环境调查表；在用燃气管道理化检验报告；在用燃气管道安全附件检验报告；在用燃气管道综合评价报告；在用燃气管道全面检验结论报告。

（2）全面检验报告

全面检验工作结束后，检验人员应根据检验情况和所进行的检验项目，按照规定，认真、准确填写。安全状况等级按照检验规程的要求评定。检验报告由检验员签署，加盖检验单位印章。检验报告一般在燃气管道投入使用之前送交使用单位。

9. 缺陷处理

缺陷处理指的是对在全面检验中发现的超标缺陷，应及时进行处理，以免发生安全事故。其缺陷处理方法包括：

（1）现场修复

对于发现的管道缺陷只需针对具体情况采取一定措施即可修复的管道，可现场采用打磨人员焊接、更换零部件等方式消除缺陷。

（2）局部改造与更换

对于检查中发现的缺陷是在一个较大的管段范围内的问题，则可以采取对某些局部管段进行改造直至局部更换，以达到燃气管道安全运行的目的。

（3）全部更换与改造

对于检查中发现带有全面性的问题，如气质改变（人工燃气转换成天然气）、参数改变（压力提高）、原管材连接方式不适应要求等，则应对原有燃气管网进行改造或全部更换原有管道或管件。

10. 安全评估

对在检查中发现管道系统缺陷多、牵涉面广的，需要进行认真分析，应由质量技术监察部门确认的评审单位进行安全评估。以确认缺陷是否影响燃气管道安全运行到下一检验周期，对影响安全运行的缺陷，须制订缺陷处理方案。

缺陷修复前，使用单位应制订修复方案，相关文件记录应存档。缺陷的修复应按有关规范的要求进行。缺陷修复后，由原检验单位确认合格后，管道方可投入使用。

第四节　安全状况分级与评定

根据国家相关规定，压力管道的安全状况以等级表示，分为1级、2级、3级和4级4个等级。安全状况等级的划分标准如下：

1级：安装资料齐全，设计、制造、安装质量符合有关法规和标准要求；在设计条件下能安全使用的压力管道。

2级：安装资料不全，但设计、制造、安装质量基本符合有关法规和标准要求的下列压力管道：新建、扩建的压力管道，存在某些不危及安全但难以纠正的缺陷，且取得设计、使用单位同意，经检验机构监督检验，出具证书，在设计条件下能安全使用；在用压力管道，材质、强度、结构基本符合有关法规和标准要求，存在某些不符合有关规范和标准的问题与缺陷，经检验机构检验，检验结论为3～6年的检验周期内和规定的使用条件下能安全使用。

3级：在用压力管道材质与介质不相容，设计、安装、使用不符合有关法规和标准要求；存在严重缺陷，但使用单位采取有效措施，经检验机构检验，可以在1～3年检验周期内和限定的条件下使用的在用压力管道。

4级：缺陷严重，难以或无法修复；无修复价值或修复后仍难以保证安全使用；检验结论为判废的压力管道。

城镇燃气管道统一按上述标准评定其安全状况等级。在用燃气压力管道的安全状况等级定级工作，由承担该压力管道全面检验工作的机构负责，检验机构应当在《在用压力管道全面检验报告书》中明确安全状况等级。

第四章

常见特种作业相关要求

第一节　工业动火

一、工业动火的定义及内容

动火是指在燃气管道和设备上或其他禁火区内进行焊接、切割等产生明火的作业。动火作业应严格按照国家相关技术规程和《危险作业安全管理规定》的要求执行。对动火作业的管理主要有3个方面的内容：动火运作过程的监督管理、动火安全措施的落实、动火管理职责的落实。

二、工业动火种类及级别

1. 动火种类

长距离输油、气管道的站内生产区检修动火、生活动火，在油罐输油管道上或与油罐、输油管道连接部位的动火，均属于动火管理范围，其种类有：电焊、气焊、铅焊、锡焊；吸烟喷灯、火炉、液化气炉、电炉（不包括在生产区域内、化验室内试验分析用的电炉喷灯和酒精灯）；熬沥青、燃烤其他物件；明火取暖或明火照明；在生产区或油罐区内使用临时电源、临时电线，包括使用电钻、风镐、砂轮等；机动车辆进入罐区内；用雷管炸药等爆破方法拆除混凝土构件。

2. 动火级别

动火级别的划分：根据动火的危险程度分为三级动火管理。

一级动火：直接在输油干线和站内原油管线上的动火。在管道大修时，进行补焊加强施工可根据管内压力不同而降低动火级别。一般情况下，在周围开阔的野外，管内压力小于 1.0 MPa 时，可作为二级、三级动火，但必须有安全措施。

一级动火包括：直接在油罐及其附件和油罐防火堤以内的动火；在油泵房、液化气站和成品油库区围墙以内的动火；在用压缩机厂房内的管件和仪表处的动火；在直径不小于 426 mm 的长距离油气管线干线上的停输动火。一级工业动火申请报告书有效时间不超过 48 h。

二级动火包括：在装卸油栈桥、油泵房、阀组间、计量间、地下管沟、加热炉操作间、非原油管线上的动火；在下水道、燃料油管线、污油池、油沟的动火；在变电所电动机间或遇有油气存在危险性较大的区城内的动火。二级工业动火申请报告书有效时间不超过 24 h。

三级动火包括：在输油油泵站生产区、除一级、二级动火外的其他地方动火；在天然气集输站（场）、计量站接转站等生产区域内的非油气工艺系统动火属于三级动火；三级工业动火申请报告书有效时间不超过 8 h。

三、输气管道动火

输气管道维修时，动火现场 5 m 以内应无易燃物，动火现场作业坑内应有出入坑梯，便于紧急撤离。更换输气管道时，割开的管段内沉积有黑棕色的硫化铁时，应用清水洗干净防止其自燃。更换输气管段排放管内天然气，应先点火后放空。

第二节 高处作业

一、基本要求

凡进行高处作业，必须办理高处作业证。特级及特殊高处作业应制订作业方案。紧急情况时，可由现场负责人在确保人员安全的前提下口头批准作业，作业后立即报业务主管部门。

对高处作业人员的基本要求：经医生诊断，凡有高血压、心脏病、贫血病、癫痫病、严重关节炎、手脚残废以及其他禁忌高处作业的人员，不得从事高处作业，酒后不得从事高处作业；作业人员应熟悉并掌握高处作业的操作技能，并须培训合格。

二、安全措施

1. 安全带及安全帽

高处作业人员必须系好安全带，戴好安全帽，衣着要灵便，禁止穿硬底和带钉易滑的鞋，安全带的各种部件不得任意拆除，有损坏的不得使用。安全带和安全帽应符合现行国家标准。安全带使用时必须挂在施工作业处上方的牢固构件上，不得系挂在有尖锐棱角的部位。安全带系挂点下方应有足够空间。安全带应高挂（系）低用，不得采用低于腰部水平的系挂方法。严禁用绳子捆在腰部代替安全带。必须使用经安全带静载荷试验和安全绳冲击试验检验合格的安全带，使用前应详细检查有无破裂和损伤。安全带静荷载试验是指用 3 000 N 的力拉 5 min；安全绳冲击试验是指用 800 N 的重物体由 3 m 高处自由坠落悬空。

2. 脚手架及梯子

脚手架的搭设必须符合国家有关规程和标准的要求，搭架人员必须经特殊工种培训并考核合格，做到持证上岗。高处作业应使用符合有关标准规范的吊架、梯子、脚手板防护围栏和挡脚板等。作业前，作业人员应仔细检查作业平台是否坚固牢靠，安全措施是否落实。

梯子使用前应仔细检查，结构必须牢固。踏步间不得大于 40 mm；人字梯有坚固的铰链和限制跨度的拉链。在平滑面上使用梯子时，应采取端部套绑防滑胶皮等防滑措施。梯子应放置稳定，与地面夹角以 60°～70°为宜。不许蹬在梯子顶端工作，用靠梯时人脚距梯子顶端不得少于 4 步，用人字梯时不得少于 2 步，靠梯的高度如超过 6 m，应在中间设支撑加固。在容易滑偏的构件上靠梯时，梯子上端应用绳绑在上方牢固构件上。禁止在吊架上架设梯子。如在悬空的板上架设梯子，应采取相应的保护措施。禁止多人在同架梯子上工作，不准带人移动梯子。

3. 其他

高处作业需与架空电线保持规定的安全距离，夜间高处作业应有充足的照明。高处作业严禁上下投掷工具、材料和杂物等，所用材料要堆放平稳，作业点下方要设安全警戒区，要有明显警戒标志，并设专人监护。各种大小工具要有防掉绳，工具放入工具套（袋）内。不得上下垂直进行高处作业，如需分层作业，中间应有隔离措施。作业过程中如发现情况异常或感到不适等，应发出信号，并迅速撤离现场。在阵风风力 6 级以上的情况下进行的高处作业，称为强风高处作业。高处作业高度在 50 m 时，称为特级高处作业。

第三节　受限空间

一、受限空间

受限空间是指除符合以下所有物理条件外，还至少存在以下危险特征之一的空间。

1. 物理条件

有足够的空间，让员工可以进入并进行指定的工作；进入和撤离受到限制，不能自如进出；并非设计用来给员工长时间在内工作的空间。

2. 危险特征

存在或可能产生有毒有害气体或机械、电气等危害；存在或可能产生掩埋作业人员的物料；内部结构可能将作业人员困在其中（如内有固定设备或四壁向内倾斜收拢）；其他特殊情况。

受限空间可为生产区域内的炉、塔、釜、罐、仓、槽车、管道、烟道、隧道、下水道、沟、坑、井、池、涵洞等封闭或半封闭的空间或场所。

二、管理要求

只有在没有其他切实可行的方法能完成工作任务时，才考虑进入受限空间作业。进入受限空间实行作业许可，应办理进入受限空间作业许可证。进入受限空间作业前，应开展工作前安全分析，辨识危害因素，评估风险，采取措施，控制风险。进入受限空间作业应编制安全工作方案和应急预案，各类防护设施和救援物资应配备到位。在进入受限空间前，与进入受限空间作业相关的人员都应接受培训。进入受限空间作业时，应将相关的作业许可证安全工作方案、应急预案、连续检测记录等文件存放在现场。

三、受限空间辨识

应对每个装置或作业区域进行辨识，确定受限空间的数量、位置，建立受限空间清单并根据作业环境、工艺设备变更等情况不断更新。

应针对辨识出的每个受限空间，预先制订安全工作方案。每年应对所有的安全工作方案进行评审。

对于用钥匙、工具打开的或有实物障碍的受限空间，打开时应在进入点附近设置警示标识。无须工具、钥匙就可进入或无实物障碍阻挡进入的受限空间，应设置固定的警示标识。所有警示标识应包括提醒有危险存在和须经授权才允许进入的词语。

四、进入前准备

1. 隔离

进入受限空间前应事先编制隔离核查清单，隔离相关能源和物料的外部来源，与其相连的附属管道应断开或用盲板隔离，相关设备应在机械上和电气上被隔离并挂牌。同时按清单内容逐项核查隔离措施，并作为许可证的附件。如涉及管线打开时，应附管线打开作业的要求。

2. 清理、清洗

进入受限空间前，应进行清理、清洗。清理、清洗受限空间的方式包括但不限于：清空、清扫（如冲洗、蒸煮、洗涤和漂洗）、中和危害物、置换。

3. 气体检测

（1）检测要求

凡是有可能存在缺氧、富氧、有毒有害气体、易燃易爆气体、粉尘等，事前应进行气体检测，注明检测时间和结果；受限空间内气体检测 30 min 后，仍未开始作业，应重新进行检测；如作业中断，再进入之前应重新进行气体检测。取样和检测应由培训合格的人员进行。检测仪器应在有效期内，每次使用前后应检查。取样应有代表性，应特别注重人员可能工作的区域，取样点应包括空间顶端、中部和底部，取样时应停止任何气体吹扫，测试次序应是氧含量、易燃易爆气体、有毒有害气体。当取样人员在受限空间外无法完成足够取样，需进入空间内进行初始取样时，应制订特别的控制措施，获得进入受限空间作业许可。进入受限空间期间，气体环境可能发生变化时，应进行气体监测；气体监测宜优先选择连续监测方式，若采用间断性监测，间隔不应超过 2 h；连续监测仪器应安装在工作位置附近，且便于监护人、作业人员看见或听见。

（2）检测标准

受限空间内外的氧浓度应一致，若不一致，在授权进入受限空间之前，应确定偏差的原因，氧浓度应保持在19.5%～23.5%。不论是否有焊接、敲击等，受限空间内易燃易爆气体或液体挥发物的浓度都应满足以下条件：当爆炸下限≥4%时，浓度＜0.5%（体积），当爆炸下限＜4%时，浓度＜0.2%（体积）；同时还应考虑作业的设备是否带有易燃易爆气体（如氢气）或挥发性气体。受限空间内有毒、有害物质浓度超过国家规定的“车间空气中有毒物质的最高允许浓度”的指标时，不得进入或应立即停止作业。

4. 安全措施

（1）监护

进入受限空间作业应指定专人监护，不得在无监护人的情况下作业，作业监护人员不得离开现场或做与监护无关的事情。监护人员和作业人员应明确联络方式并始终保持有效的沟通。进入特别狭小空间作业，作业人员应系安全可靠的保护绳，监护人可通过系在作业人员身上的保护绳进行沟通联络。

（2）温度

受限空间内的温度应控制在不对人员产生危害的安全范围内。

（3）通风

为满足受限空间内空气流通和人员呼吸需要，可自然通风，并尽可能抽取远离工作区域的新鲜空气。必要时应采取强制通风，严禁向受限空间通纯氧。进入期间的通风不能代替进入之前的吹扫工作。

（4）受限空间内设备

对受限空间内阻碍人员移动、对作业人员造成危害，影响救援的设备（如搅拌器），应采取固定措施，必要时应移出受限空间。

（5）照明及电气

进入受限空间作业，应有足够的照明，照明灯具应符合防爆要求。使用手持电动工具应有漏电保护装置。

进入受限空间作业照明应使用安全电压不大于 24 V 的安全行灯。金属设备内和特别潮湿作业场所作业，其安全行灯电压应为 12 V 且绝缘性能良好。

（6）防坠落、防滑跌

受限空间内可能会出现坠落或滑跌，应特别注意受限空间中的工作面（包括残留物工作物料或设备）和到达工作面的路径，并制订预防坠落或滑跌的安全措施。

（7）个人防护装备

根据作业中存在的风险种类和风险程度，依据相关防护标准，配备个人防护装备并确保正确穿戴。

（8）静电防护

为防止静电危害，应对受限空间内或其周围的设备接地，并进行检测。

（9）工具、材料清点

带入受限空间作业的工具、材料要登记，作业结束后应清点，以防遗留在作业现场。

5. 进入受限空间作业许可证

进入受限空间作业许可证的有效期限不得超过一个班次，延期后总的作业期限不能超过 24 h。

作业结束后，应清理作业现场，解除相关隔离设施，确认无任何隐患，申请人与批准人或其授权人签字关闭作业许可证。

6. 应急预案和应急准备

每次进入受限空间作业前，应制定书面应急预案，并开展应急演练，所有相关人员都应熟悉应急预案。在进入受限空间进行救援之前，应明确监护人与救援人员的联络方法。获得授权的救援人员均应佩戴安全带、救生索等以便救援，如存在有毒有害气体，应携带气体防护设备，除非该装备可能会阻碍救援或产生更大的危害。

7. 安全职责

（1）作业申请人

提出作业申请；办理作业许可证；组织危害因素辨识，协调落实作业安全措施；组织现场安全交底和安全培训；组织实施作业；对作业安全措施的有效性和可靠性负责。

（2）作业批准人

清楚可能存在的危害和风险；评估作业过程中可能发生的条件变化；清楚安全控制措施；确认安全措施落实情况，包括检查气体取样和检测结果；批准和取消作业。

（3）作业人员

熟悉作业内容，清楚安全条件和可能存在的危害与风险；熟知进入受限空间作业许可证中的安全措施；参加对作业过程中可能发生的条件变化的评估；掌握正确使用进入装备和个人防护装备的方法；清楚作业过程中与监护人员的沟通方式及紧急情况时的撤离方式；严格按安全工作方案和作业许可证内容的要求作业；在违反安全规程的强令作业、削减风险措施不落实作业监护人不在场等情况下有权拒绝作业。

（4）作业监护人

清楚可能存在的危害和对作业人员的影响；负责监视作业条件变化情况及受限空间内外活动过程；掌握作业人员情况并与其保持沟通，负责作业人员进入和出来时要进行清点并登记名字；清楚应急联络电话、出口、报警器和外部应急装备的位置；在入口处监护，防止未经授权人员进入；紧急情况下发出救援信息、启动撤离行动，并在受限空间外实施救援。

8. 特殊情况

（1）未明确定义为“受限”的空间

有些区域或地点不符合受限空间的定义，但是可能会遇到类似进入受限空间时发生的潜在危害（如把头伸入 30 cm 直径的管道、洞口、氮气吹扫过的罐内）。在这些情况下，应进行工作前安全分析，宜采用进入受限空间作业许可证，以控制此类作业风险。

（2）围堤

符合下列条件之一的围堤，可视为受限空间：高于 1.2 m 的垂直墙壁围堤，且围堤内外没有到顶部的台阶；在围堤区域内，作业者身体暴露于物理或化学危害之中；围堤内可能存在比空气重的有毒有害气体。

（3）动土或开渠

符合下列条件之一的动土或开渠，可视为受限空间：动土或开渠深度大于 1.2 m，或作业时人员的头部在地面以下的；在动土或开渠区域内，身体处于物理或化学危害之中；在动土或开渠区域内，可能存在比空气重的有毒有害气体；在动土或开渠区域内，没有撤离通道的。

（4）惰性气体吹扫空间

用惰性气体吹扫空间，可能在空间开口处附近产生气体危害，此处可视为受限空间。在进入准备和进入期间，应进行气体检测，确定开口周围危害区域的大小，设置路障和警示标志，防止误入。

第五章

安全生产检查

安全生产检查是指对生产过程及安全生产管理中可能存在的隐患、有害与危险因素、缺陷等进行查证，以确定隐患、有害与危险因素、缺陷的存在状态，以及它们转化为事故的条件，以便制定整改措施，消除隐患、有害与危险因素。

安全生产检查是安全管理工作的重要内容，是消除隐患、防止事故发生、改善劳动条件的重要手段。通过安全生产检查可以发现生产过程中的危险因素，以便有计划地制定纠正措施，确保生产安全。

第一节　目的与作用

安全生产的核心是防止事故，事故的原因可归结为人的不安全行为、物（包括生产设备、工具、物料、场所等）的不安全状态和管理上的缺陷 3 个方面因素。

预防事故就是从防止人的不安全行为、防止物的不安全状态和完善安全生产管理3个方面因素着手。生产是一个动态的过程，正常运行的设备可能会出现故障，人的操作受其自身条件（安全意识、安全知识、技能、经验、健康与心理状况等）的影响，可能会出差错，管理也可能有失误，如果不能及时发现这些问题并加以解决，就可能导致事故，所以必须及时了解生产中人和物以及管理的实际状况，以便及时纠正人的不安全行为、物的不安全状态和管理上的失误。安全生产检查的目的就是及时发现这些事故隐患，及时采取相应措施消除这些事故隐患，从而保障生产安全进行。

第二节　基本内容

安全生产检查主要针对事故原因 3 个方面因素进行，具体查思想、查管理、查隐患、查整改、查事故处理。

一、检查人的行为是否安全

检查是否违章指挥、违章操作、违反安全生产规章制度的行为。重点检查危险性大的生产岗位是否严格按操作规程作业，危险作业是否执行审批程序等。

二、检查物的状况是否安全

主要检查生产设备、工具、安全设施、个人防护用品、生产作业场所以及危险化学品运输工具等是否符合安全要求。如检查生产装置运行时工艺参数是否控制在限额范围内；检查建（构）筑物和设备是否完好，是否符合防火防爆要求；检查监测、传感、紧急切断、通风、防晒、调温、防火、灭火、防爆、防毒、防潮、防雷、防静电、防腐、防泄漏、防护围堤和隔离操作等安全设施是否符合安全运行要求；检查通信和报警装置是否处于正常适用状态；检查生产装置与储存设备的周边防护距离是否符合规范规定；检查应急救援设施与器材是否齐全、完好等。

三、检查安全管理是否完善

检查安全生产规章制度是否建立健全，安全生产责任制是否落实，安全生产管理机构是否健全，相关管理人员是否配备齐全；检查安全生产目标和计划是否落实到各部门、各岗位，安全教育和培训是否经常开展，安全检查是否制度化、规范化；检查发现的事故隐患是否及时整改，实施安全技术与措施计划的经费是否落实，事故处理是否坚持“四不放过”原则等方面的管理工作。重点检查的内容有：是否按规定取得燃气充装资格证（或生产经营许可证），特种设备和气瓶是否按规定进行注册登记，压力容器、压力管道及各种安全附件定期检验是否合格，且在检验有效期限以内；特种作业人员是否经过专门培训并考试合格取得上岗证；防雷与防静电设施是否齐全完好并检验合格、有效；防火、灭火器材及消防设施是否齐全完好且检验合格；是否制定了事故应急救援预案，并定期组织救援人员进行演练。

第三节　基本形式

一、经常性安全检查

经常性安全检查是采取个别的、日常的巡视方式来实现的。在生产过程中进行经常性地预防检查，能发现安全隐患，及时消除，保证生产正常进行。

二、定期安全检查

定期安全检查一般是通过有计划、有组织、有目的的形式来实现，如次/周、次/月、次/季、次/年等。检查周期根据各单位的实际情况确定，定期检查的面广，有深度，能及时发现并解决问题。

三、季节性及节假日前安全检查

根据季节变化，按事故发生的规律，对易发的潜在危险，突出重点进行检查。例如，冬季、春季防冻保温；夏季防暑降温、防台风、防雷电等；秋季防旱、防火等检查。由于节假日（特别是重大节日，如元旦、春节、五一节、国庆节）前后容易发生事故，因此应进行有针对性的安全检查。

四、专业（项）安全检查

专项安全检查是针对某个专项问题或在生产中存在的普遍性安全问题进行的单项定期检查。例如，针对燃气生产的在用设备设施、作业场所环境条件的管理或监督性定期检测检验，属于专业性安全检查。而专项检查具有较强的针对性和专业性要求，用于检查难度较大的项目。通过检查，发现潜在问题，研究整改对策，及时消除隐患。

五、综合性安全检查

一般由主管部门对下属各生产单位进行的全面综合性检查，必要时可组织进行系统安全性评价。

六、不定期的职工代表巡视安全检查

由企业工会负责人组织有关专业技术特长的职工代表进行不定期巡视安全检查。重点检查国家安全生产方针、法规的贯彻执行情况；查单位领导及各岗位生产责任制的执行情况；查职工安全生产权利的执行情况；查事故原因、隐患整改情况，并对事故责任者提出处理意见等。

第四节　检查方法

一、常规检查法

常规检查是常见的一种检查方法，一般是由安全管理人员作为检查工作的主体，到作业场所的现场，通过“眼看、耳听、鼻闻、手摸”的方法，或借助一些简单工具、仪表等，对作业人员的行为、作业场所的环境条件、生产设备设施等进行的定性检查。安全检查人员通过这一手段，及时发现现场存在的不安全因素或隐患，

采取措施予以消除，纠正施工人员的不安全行为。

二、安全检查表法

安全检查表法（SCL）是为了系统地找出在生产过程中的不安全因素，事先把系统加以剖析，列出各层次的不安全因素，确定检查项目。并把检查项目按系统的组成顺序编制成表，以便进行检查或评审，这种表就叫安全检查表。

安全检查表应列举需查明的所有会导致事故的不安全因素，且应注明检查时间、检查者、直接责任人等，以便分清责任。安全检查表的设计应做到系统、全面，检查项目应明确。

三、仪器检查法

设备内部的缺陷及作业环境条件的真实信息或定量数据，只有通过仪器检查法进行定量化的检查与测量，才能发现安全隐患，从而为后续整改提供信息。因此必要时需实施仪器检查。由于被检查对象不同，检查所用的仪器和手段也各不相同。

第五节　检查程序

一、准备

安全生产检查准备工作包括：确定检查对象、目的和任务；了解检查对象的工艺流程、生产情况、可能出现危险危害的情况；制订检查计划，安排检查内容、方法和步骤；编写安全检查表或检查提纲；准备必要的检测工具、仪器、书写表格或记录本；精心挑选和训练检查人员，并进行必要的分工等。

二、实施

实施安全检查一般通过访谈、查阅文件和记录、现场检查、仪器测量等方式获取信息。

1. 访谈

与有关人员谈话来了解相关部门、岗位执行规章制度的情况。

2. 查阅文件和记录

检查设计文件、作业规程安全措施、责任制度、操作规程等是否齐全、有效；查阅相应记录，判断上述文件是否被执行。

3. 现场检查

查找不安全因素、事故隐患、事故征兆等。

4. 仪器测量

利用一定的检测检验仪器设备，对在用的设备设施、器材状况及作业环境条件等进行测量，以发现安全隐患。

5. 分析与判断

掌握情况之后，要进行分析、判断和检验。可凭经验、技能进行分析、判断，必要时可通过仪器、检验得出正确结论。

6. 处理与复查

作出判断后，应针对存在的问题作出采取措施的决定，即通过下达隐患整改意见和要求，包括要求进行信息的反馈。通过复查整改落实情况，获得整改效果的信息，以实现安全检查工作的闭环。

第六章

管网及设备巡查与维护

燃气设备及管道附件的巡查是确保在役燃气管网安全运行的重要手段，对燃气经营企业的安全、稳定运行和发展至关重要。随着企业安全生产标准化工作的不断发展和持续推进，如何规范化开展管网巡查并确保管网巡查工作的有效性是燃气经营企业需要迫切关注的问题。本章将重点讲述燃气管网巡查的关键点和常见问题，实现管网巡查工作的规范性和体系建设，强化管网巡查工作基础，夯实管网巡查人员综合素养，建立健全管网巡查档案建设，推进燃气经营企业管网巡查工作的稳步提升。

第一节　基本内容

一、目的与意义

燃气管网的巡查（巡线）工作对燃气管网的安全、可靠、有效、稳定运行具有重要意义，城镇燃气管网的分布具有范围广、支线多、较为零散等特点，且随着运行年限的增长，部分管道的腐蚀也日益严重，更加大了管网隐患排查的难度。目前，绝大多数管网隐患是由巡线工作人员发现和报告的，由此可见管网巡线工作的重要性。对于燃气经营企业来说，巡线是燃气管网日常生产工作中最常见、最普遍的工作手段，巡线工作的质量直接关系燃气管网的安全运行和稳定供气，能够在巡线过程中及时发现和消除安全隐患，使巡线工作成为管网安全运行的重要保障。同时，管网巡线工作能够充分降低因管道老化或第三方破坏造成的燃气泄漏发生频率，保护燃气管网敷设地区、燃气用户和燃气公司的财产不受损失，全面提升城镇燃气的安全性与可靠性。

燃气管网巡线由燃气经营企业内部员工或委托第三方机构劳务人员采取车辆或徒步形式沿着运行管网进行巡查和维护工作。巡线人员通过肉眼观察或专用仪器检查，发现是否存在可燃气体泄漏、管道裸露、违章建（构）筑物、安全间距不足、野蛮施工等异常现象。对发现的问题或隐患进行综合风险分析并及时汇报，详细记录隐患、事件相关信息，及时跟进隐患或事件的处置进展，从而达到管网巡查的目的。

除常规形式的巡查外，目前依托 SCADA 系统的管道光纤预警检测（OFSEW）系统也能起到一定程度的实时巡查作用，这是一种可定位型分布式光纤振动传感系统，当传感光缆周边出现人员活动、施工作业、机械操作等情况时，会产生振动信号引起光缆发生应变，导致光缆中光的相位以及偏振态发生变化，系统根据信号变化进行数据分析，从而识别信号发出地点的活动是否会对管道产生不良影响。

二、燃气管网分级

燃气管网运行管理的分级工作，需以现运行管网的压力等级、运行时间为基础，结合燃气管道材质、施工工艺、附属设备设施、防腐处理以及土壤腐蚀情况，此外还需要考虑杂散电流、施工质量以及后期运行维护质量等数据作为管网分级的主要参考依据。目前，按照城市燃气管网实际运行情况，可将燃气管网运行等级分为以下几类：

1. 一级管网

使用年限超过20年的钢制管道；同区域内一个月内连续发生两起泄漏的燃气管道；所有市区中压环管；天然气门站、储配站、LNG调峰站等储气设施到中压管网的联络线，以及中压调压站进、出气管道等主干管网；根据实际运行情况，其他需要按照一级要求进行巡线的管线。

2. 二级管网

现运行的中压燃气管道（含钢管及PE管）；现运行的铸铁燃气管道；运行年限10年以上、20年以内的低压燃气管道。

3. 三级管网

运行年限10年以内的低压燃气管道；现运行的低压聚乙烯燃气管道；其他不符合一级、二级标准，且正常运行的燃气管道。

第二节　管网巡查

一、巡查内容

1. 低压管道

1）巡线人员需携带智能巡线终端、管线图纸、便携式可燃气体检测仪等，正确穿戴劳动保护用品，以步行方式进行巡线。

2）如发现管道的位置、埋深、路由、材质等发生变化，巡线人员应及时联系管线权属单位的信息管理部门，对管线错误信息进行汇报核实，查明原因后将更改的信息报至信息管理部门。

3）巡线人员应严格按照管线图纸用便携式可燃气体检测仪，对小区内表箱、立管等设施进行认真查漏。

4）对于低压埋地管线，对照本章中“地下燃气管道的巡查内容”进行逐条核对，如现场出现不符合条件的情况，巡线人员应及时向管线权属单位的相关部门负责人报告事项具体情况，并按照回复进行现场处理。

5）对于低压架空管线，检查管道、套管及附件防腐涂层应完好，支架、防护设施应牢固；跨越河流、道路的管道混凝土基础或支撑应完好。如果现场出现不符合上述条件的情况，巡线人员应及时向管线权属单位的相关部门负责人报告事项具体情况，并按照回复进行现场处理。

6）巡线人员应定期向周围单位和小区内住户询问有无异常情况。

7）巡线人员应按时、认真、负责地填写巡线日报表，并按要求定期上报。

2. 中压管道

1）巡查人员需携带智能巡线终端、管线图纸、便携式可燃气体检测仪等，正确穿戴劳动保护用品，以步行方式或借助自行车、电动自行车等低速车辆进行巡线。

2）如发现管道的位置、埋深、路由、材质等发生变化，巡线人员应及时联系管线权属单位的信息管理部门，对管线错误信息进行汇报核实，查明原因后将更改的信息报至信息管理部门。

3）巡线人员应严格按照管线图纸用便携式可燃气体检测仪，对所巡中压管线的阀门井、调压柜、调压箱等设施进行认真查漏。

4）对于中压埋地管线，对照本章中“地下燃气管道的巡查内容”进行逐条核对，如现场出现不符合条件的情况，巡线人员应及时向管线权属单位的相关部门负责人报告事项具体情况，并按照回复进行现场处理。

5）对于中压架空管线，检查管道、套管及附件防腐涂层应完好，支架、防护设施应牢固；跨越河流、道路的管道混凝土基础或支撑应完好。如果现场出现不符合上述条件的情况，巡线人员应及时向管线权属单位的相关部门负责人报告事项具体情况，并按照回复进行现场处理。

6）对于现运行的阀门井，除按照本章“燃气阀门井、阀室的巡查内容”严格做好巡查工作外，还应安排专人每半年对井内阀门进行1次开关测试，检查阀门开启与关闭、气密性等情况，对启闭不严的阀门应及时维修或更换；观察井内有无异物，如有，应及时去除，以免影响阀门的正常工作；查看阀门井内防坠网是否出现老化、脱落、松动等情况，如有，则判断是否可以维修或直接更换。

7）巡线人员应定期向周围单位和住户做好安全宣传工作。

8）巡线人员应按时、认真、负责地填写巡线日报表，并按要求定期上报。

3. 次高压、高压管道

1）巡查人员需携带智能巡线终端、管线图纸、便携式可燃气体检测仪等，正确穿戴劳动保护用品。

2）如果发现管道的位置、埋深、路由、材质等发生变化，巡线人员应及时联系管线权属单位的信息管理部门，对管线错误信息进行汇报核实，查明原因后将更改的信息报至信息管理部门。

3）确保管线及附属设施的完好。

4）对照本章中“地下燃气管道的巡查内容”进行逐条核对，如果现场出现不符合条件的情况，巡线人员应及时向管线权属单位的相关部门负责人报告事项具体情况，并按照回复进行现场处理。

5）对于各类管沟（雨水、污水、热力、强电、弱电等管沟及窨井）与燃气管线交叉距离较近的局部地段，必须使用仪器进行细致检查，确保燃气未发生泄漏至各类管沟内。

6）对于现运行的阀门井、阀室，除按照本章“燃气阀门井、阀室的巡查内容”严格做好巡查工作外，还应安排专人每年对阀室或阀门井内阀门进行 1 次开关测试，检查阀门开启与关闭、气密性等情况，对启闭不严的阀门应及时维修或更换；观察井内有无异物，如有，应及时去除，以免影响阀门的正常工作；查看阀门井内防坠网是否出现老化、脱落、松动等情况，如有，则判断是否可以维修或直接更换。

7）巡线人员应定期向周围单位和住户做好安全宣传工作。

8）巡线人员应按时、认真、负责地填写巡线日报表，并按要求定期上报。

4. 地上标识的巡查内容

主要检查警示桩、警示牌、标识贴等警示外观是否完好，标识间距是否符合相关规定，警示标识是否磨损，内容是否完整。

二、巡查周期与检查周期

1. 巡查周期

对于管网等级为一级的，巡查周期建议不低于每周 2 次；对于管网等级为二级的，巡查周期建议不低于每周 1 次；对于管网等级为三级的，巡查周期建议不低于每 2 周 1 次；对于燃气管网因隐患、施工占压等情况确定的重点部位，巡查周期建议不低于每天 1 次。

2. 检查周期

（1）地下燃气管道的泄漏检查要求

次高压、高压管道每年不得少于 1 次；聚乙烯管或设有阴极保护的中压钢管，每 2 年不得少于 1 次；铸铁管道和未设阴极保护的中压钢管，每年不得少于 2 次；新通气的管道应在 24 h 内检查 1 次，并应在通气后的第 1 周内进行 1 次复查。

（2）现运行的燃气管道防腐涂层定期检测要求

在正常情况下高压、次高压管道每 3 年进行 1 次，中压管道每 5 年进行 1 次，低压管道每 8 年进行 1 次；上述管道运行 10 年后，检测周期应分别为 2 年、3 年、5 年。

三、其他要求

1. 企业层面

应制定本企业的巡线相关制度及巡线工作手册，并建立巡线资料档案和巡线人员信息档案；将本企业的新增管线及时纳入巡线计划，巡线任务责任到人；新增燃气管线进行巡线前，确保警示桩、警示牌、标识贴等地上标识物均按照规定设置完备；道路燃气管道标识无漏贴、错贴等情况发生；对巡线岗位的工作安排应做到专岗专责，原则上不得随意抽调巡线人员参与与巡线岗位职责无关的工作；在巡线人员因休假、离职、调整岗位等原因暂时无法进行巡线工作的，企业应及时调整工作安排，不可以此为由暂停巡线管理工作；对巡线人员的岗位履职情况进行周期性考核；汇总巡线人员提交的巡线日报表及其他巡线资料，统一存入巡线资料档案。

2. 人员层面

1）必须熟练掌握和运用管线权属单位的巡线工作手册内全部内容。

2）巡线人员上岗前必须与管线权属单位签订巡线岗位安全管理责任书，有效期为1年。

3）在巡线过程中，巡线人员应注意保护自身安全，在遇到危险情况时，要注意使用合理的处置手段；在遇到人为因素对管线的安全运行造成影响时，要注意工作的方式方法，采集并留存好相关一手资料（书面、影像、录音等），并及时向上逐级汇报，按照回复进行现场处置。

4）在巡线工作开始前，提前设置好巡线工作路线，避免出现巡线盲区。

第三节　设备巡查与维护

管网附属设施作为燃气管网系统必不可少的组成部分，对燃气管网的安全运行起到了不可忽视的作用，且部分管道附属设施的巡查与维护标准较管网的更高，本节将主要针对部分常见的管道附属设施，从多个方面进行解析。

目前管网附属设施主要包括调压器、过滤器、阀门、安全设施、仪器、仪表、加臭装置、储气柜、储罐、压缩机（及烃泵）、阴极保护系统等。

一、调压装置

燃气调压装置的巡检内容应包括调压器、过滤器、阀门、安全设施、仪器、仪表等设备的运行工况，不得出现泄漏、失灵等异常情况；对于受低温影响较大的寒冷地区，在采暖季前应检查调压室的采暖状况或调压器的保温情况。

燃气调压器及附属设备的运行与维护，应做到以下内容：

1）应对各连接点及调压器工作情况进行巡检，当发现存在燃气泄漏及调压器有喘息、压力跳动等问题时，应及时处理；

2）对调压装置各部位的油污、锈斑或锈迹、水渍等进行及时清除，不得有存在腐蚀和损伤情况的调压装置参与燃气管网系统运行；

3）对停气过后准备重新启用的调压器，应检查进出口压力及有关参数是否正常；

4）对于新投入运行和保养、修理后重新启用的调压器，必须经过调试，达到技术要求后方可投入运行；

5）应定期对切断阀、水封等安全装置进行可靠性检查；

6）应定期对过滤器的前后压差进行检查，做到及时排污与清洗；

7）对瓶组供应站内配有伴热系统的调压装置，在瓶组卸压时应观察各级调压器热媒的进水和回水温度，确保不超过正常范围。

二、加臭装置

1）应根据实际运行情况，定期检查储液罐内的加臭剂储量是否能满足要求；

2）加臭泵的润滑油液位应符合相关运行规定；

3）加臭装置不得出现泄漏的情况；

4）燃气管网系统在正常运行过程中，加臭装置的控制系统及各项参数均应正常；

5）出站的加臭剂浓度应符合现行国家标准《城镇燃气设计规范》（GB 50028）的相关规定，并应定期抽查；

6）加臭装置应定期进行校验；

7）对加臭剂的保管应制订好相关措施，做到安全、妥善保管，加臭剂的储存应符合相关规定的要求。

三、阴极保护系统

1）阴极保护系统应定期检测，并做好相关记录；

2）牺牲阳极阴极保护系统，外加电流阴极保护系统检测周期每年不少于 2 次；

3）阴极保护电源检测每年不少于 6 次，且间隔时间不超过 3 个月；

4）电绝缘装置检测每年不少于 1 次；

5）阴极保护电源输出电流、电压检测每日不少于 1 次；

6）强制电流阴极保护系统应对管道沿线土壤电阻率、管道自然腐蚀单位、辅助阳极接地电阻、辅助阳极埋设点的土壤电阻率、绝缘装置的绝缘性能、管道保护电位、管道保护电流、电源输出电流、电压等参数进行测试；

7）牺牲阳极阴极保护系统应对阳极开路电位、阴极闭路电位、管道保护电压、管道开路电位、单支阳极输出电流、组合阳极联合输出电流、单支阳极接地电阻、组合阳极接地电阻、埋设点的土壤电阻率等参数进行测试；

8）阴极保护失效区域应进行重点检测，出现燃气管道与其他金属构筑物搭接、绝缘失效、阳极地床故障、管道防腐层漏点、套管绝缘失效等故障时应及时排除。

四、次高压或高压设备

1）次高压或高压调压装置及有关设备经过 12 个月的运行后，

宜进行检修；

2）检修后的系统必须经过不少于 24 h 或不超过 1 个月的正常运行，才可转为备用状态；

3）对次高压或高压调压站进出口压力、过滤器压差进行现场检查，每周不得少于 1 次；

4）定期对次高压或高压调压装置的调压器、安全阀、快速切断及其他辅助设备进行检查，确保其在设定数值内运行；

5）次高压或高压设备的电动、气动及其他动力系统宜每半年检查 1 次，当启动系统由高压瓶装氮气供应时，检查次数应增至每周 1 次；

6）对次高压或高压设备进行维护时，必须有专人监护。

五、压缩机（及烃泵）

1）应全面检查压力、温度、密封、润滑、冷却和通风系统。

2）设备运行时应平稳，不应出现过热、泄漏及异常振动等情况；阀门开关应灵活，连接部件应紧固，运动部位应平稳。

3）指示仪表应正常、各运行参数应在规定的正常范围内。

4）各类自动、连锁保护装置均应正常。

5）应及时停机处理的情况：

① 压缩机运行压力持续高于规定的范围；

② 通风、润滑、冷却系统出现异常；

③ 自动、连锁保护装置失灵；

④ 压缩机、烃泵、电动机、发动机等出现异常声响、异常振动、过热、泄漏等现象。

6）压缩机维修、检查或经长时间停用时，应先对设备进行置换，合格后方可开机。

7）按照压缩机、烃泵的保养和维护标准，进行设备的大、中、小修理。

8）定期对压缩机及其附属、配套设施进行排污，排出的污物应集中处理，不得随意排放。

9）不得在压缩机撬箱内堆放任何杂物。

六、储气柜、储罐、压缩天然气气瓶（组）设备

1. 低压湿式储气柜

1）定期对储气柜的运行状况进行检查；

2）塔顶塔壁不得有裂缝损伤和漏气，水槽壁板与环形基础连接处不应有漏水，储气柜基础不得有沉降，并做好相关检查记录；

3）导轮与导轨的运动应正常；

4）放散阀门应灵活启闭；

5）寒冷地区在采暖季前应检查保温系统；

6）定期、定点测量各塔环形水封水位；

7）储气柜的运行压力不得超出规定的压力范围，储气柜升降幅度和升降速度应在规定范围内，在台风地区当有台风影响时应适当降低储气柜高度；

8）导轮润滑油杯应定期加注，发现损坏应立即修复，当导轮与轴瓦之间发生磨损时，应及时维修维护；

9）维修储气柜时，操作人员必须正确佩戴劳动保护用品，妥善保管好工具，严禁以抛接方式进行工具传递。

2. 低压稀油密封干式储气柜

1）应符合低压湿式储气柜运行与维护的有关内容。

2）进入储气柜作业前应先检测柜内可燃或有毒气体浓度，按规

定穿戴防护服及正确使用工具。

3）应定期对储气柜运行状况进行检查，并应做到以下内容：

① 储气柜柜体应完好，不得有变形和裂缝损伤；

② 储气柜活塞油槽油位、横向分隔板及密封装置应正常，定期测量油位并与活塞高度进行比对，储气柜活塞水平倾斜度、升降幅度和升降速度应在规定范围内，并做好测量记录；

③ 储气柜柜底油槽水位、油位应保持在规定值范围内，采暖期前应检查保温系统；

④ 储气柜外部电梯及内部升降机（吊笼）的各种安全保护装置应可靠有效、电器控制部分应动作灵敏，运行平稳，定期进行维修、检验，并做好记录。

4）定期化验分析密封油黏度和闪点，当其超过规定值时应及时进行更换。

5）储气柜油泵启动频繁或两台泵经常同时启动时，应分析原因及时排除故障。

6）定期清洗油泵入口过滤网。

3. 液化天然气储罐

1）储罐及管道在使用前应首先进行预冷，预冷时储罐及管道不应含有水分及杂质；

2）储罐的充装量应符合现行技术规范《固定式压力容器安全技术监察规程》（TSG 21）中充装系数的要求，储存液位宜控制在20%～90%；

3）不同来源、不同组分的液化天然气应分别储存在不同的储罐内，并应密切监测汽化速率；

4）对存储液化天然气时间较长且不向外输气的储罐，应定期进行倒罐处理；

5）储罐进出液时，应观察液位和压力变化情况，检查并记录相关参数；

6）观察储罐外漆膜，是否存在鼓包、脱落等情况，罐外壁是否有凹陷、损伤等情况，如有上述情况发生，应及时修复；

7）储罐基础应牢固，对立式储罐应定期检查其垂直度；

8）各连接部件完好，无泄漏等情况发生；

9）储罐检修前后应采用干惰性气体进行置换，严禁采用充水方法进行置换。

4. 高压储罐

1）应符合现行技术规范《固定式压力容器安全技术监察规程》（TSG 21）的相关内容；

2）应严格控制运行压力，严禁超压运行，监控温度、压力等各项运行参数，并定时观察；

3）认真全面填写运行、维护、维修等相关记录；

4）定期对阀门做启闭性能测试，当阀门无法正常开启或关闭不严时，应及时维修或更换。

5. 压缩天然气气瓶（组）

1）压缩天然气置于气瓶内部时应保持正压。

2）在对车辆气瓶充装压缩天然气时，加气压力不得超过气瓶的工作压力；严禁给没有合格证或存在隐患及故障的车辆加气。

3）压缩天然气汽车载运气瓶组、拖挂气瓶车、牵引车及其运输应做到以下要求：

① 瓶体、安全阀、压力表、温度表、各类阀门、接头、连接管道等必须按规定定期检测或校验。

② 运输时应遵守危险化学品运输的相关规定。

③ 车厢应固定且通风条件良好。

④ 随车配备干粉灭火器，并保证干粉灭火器符合相关规定要求。

⑤ 运输车辆严禁携带其他易燃、易爆物品，不得无关人员搭乘。

⑥ 运输前应制订好运输方案，明确指定路线和规定行车时间，中途无特殊原因不得随意更换路线和停车。

⑦ 运输车加气、卸气及回厂后应停放在指定地点。

⑧ 气瓶组满载时不得长时间停放在露天暴晒，否则必须进行降温或泄压处理。

⑨ 车辆运输途中如因故障需临时停车检修的，应避开有其他危险品、火源、热源或其他可能引起二次故障及危险的地点；检修时应设置醒目的停车标志。

⑩ 运输车辆应配备有效的专用通信工具；运输前必须办理危险化学品运输准运证，车辆司机必须持有化学物品运输驾驶证。

七、用户燃气设施的运行与维护

1. 检查频率

1）对工业用户、商业用户、采暖等非居民用户每年检查不得少于 1 次；

2）对城镇居民用户每 2 年检查不得少于 1 次；

3）对农村燃气用户每年检查不得少于 2 次。

2. 检查内容

1）确认用户设施完好；

2）不应对燃气设施擅自改动或作为其他电器设备的接地线使用；

3）管道和燃气设施应无锈蚀、重物搭挂；

4）连接软管应安装牢固且不应超长及老化，阀门应完好且有效；

5）不得有燃气泄漏；

6）用气设备前压力正常；

7）计量仪表应完好。

3. 检查要求

在对用户设施进行维修和检修作业时，应使用检漏液检漏或用专业仪器检测，发现问题应及时采取有效保护措施，由专业人员进行处理。

燃气设施和用气设备的维护与检修工作，必须由具有国家相应资质的单位及专业人员进行。

进入室内作业应首先检查有无燃气泄漏，当发现燃气泄漏时，应在安全的地方切断电源，打开门窗进行通风，切断气源，消除火种，严禁在现场拨打电话；在确认可燃气体浓度低于爆炸下限的20%时，方可进行检修作业；当事故隐患未查清或隐患未消除时不得撤离现场，应采取安全措施，直至消除隐患为止。

4. 宣传内容

1）正确使用燃气设施和燃气用具，严禁使用不合格或已达到报废年限的燃气设施和燃气用具；

2）不得擅自改动燃气管线；

3）不得擅自拆除、改装、迁移燃气设施和燃气用具；

4）不得擅自安装其他燃气设施和燃气用具；

5）安装燃气计量仪表、阀门及汽化器等设施的专用房间内，不得堆放杂物或有人居住；

6）严禁使用明火检查泄漏；

7）不得加热、摔砸、倒置液化石油气钢瓶及倾倒瓶内残液和拆卸瓶阀等附件；

8）当发现室内燃气设施或燃气用具出现异常、燃气泄漏、意外停气时，应在安全的地方切断电源，关闭燃气阀门，打开门窗进行通风，严禁使用明火、启闭电器开关等，在远离燃气设施或燃气用具的安全地方联系城镇燃气供应单位 24 h 热线或抢险维修电话，等候专业人员到场处置；

9）积极配合、协助城镇燃气供应单位对燃气设施进行检查、维护和抢修。

八、其他燃气设施

1. 凝水缸

1）应定期排放积水、排放时不得空放燃气；在道路上作业时，应设置明显的作业标志。

2）凝水缸排出的污水应收集处理，不得随地排放。

3）应定期检查凝水缸护罩（或护井）、排水装置，不得有泄漏、腐蚀和堵塞等妨碍排水作业的情况。

2. 干燥器、脱硫装置

1）严格执行设备的保养维护标准；

2）系统内各部件运行应按照设定程序进行；

3）阀门切换、启闭应灵活，运动部件应平稳，无异响、泄漏等；

4）脱硫剂的处理应符合环境保护要求；

5）根据实际情况对脱硫装置进行定期排污。

第七章

燃气管道防腐

第一节　腐蚀成因及分类

城镇燃气管道按照材质分类，主要分为钢质管道与聚乙烯管道。

对于钢质管道，其腐蚀的原因是金属与环境介质间的物理—化学作用，其结果使金属的性能发生变化，并常可导致金属、环境或由它们作为组成部分的技术体系功能受到的损伤。

对于聚乙烯管道，其相对钢质管道具有较强的耐酸碱腐蚀优点，缺点则是对温度变化较为敏感，同时管道强度相比钢管要低。因此在设计及施工时，应注意埋设深度，同时严格控制与热力管道的间距。

本书主要针对钢质管道的防腐进行说明。钢质管道的防腐，根据敷设位置的不同，又进一步分为埋地钢质管道防腐与架空钢质管道防腐。

第二节 埋地钢质管道

一、一般规定

根据现行行业标准《城镇燃气埋地钢质管道腐蚀控制技术规程》（CJJ 95）的规定，对于城镇燃气埋地钢质管道必须采用防腐层进行外保护。新建管道应采用防腐层辅以阴极保护的腐蚀控制系统。管道外防腐层应保持完好；采用阴极保护时，阴极保护不应间断。仅有防腐层保护的在役管道宜追加阴极保护系统。处于强干扰腐蚀地区的管道，应采取防干扰保护措施。

管道腐蚀控制系统应根据土壤环境因素、技术经济因素和环境保护因素综合确定。

在发生管道腐蚀泄漏或发现腐蚀控制系统失效时，应按现行行业标准《城镇燃气埋地钢质管道腐蚀控制技术规程》（CJJ 95）的规定进行土壤腐蚀性、防腐层、阴极保护、杂散电流干扰和管道腐蚀损伤评价，并应根据评价结果采取相应措施。

管道腐蚀控制系统的设计、施工单位应具有相应资质，进行施工及管理的技术人员应具有相应专业技术资格，实施操作人员应经过专业培训。管道腐蚀控制系统的档案管理宜通过数字化信息系统进行。

二、腐蚀控制评价

1. 土壤腐蚀评价

土壤腐蚀性应采用检测管道钢在土壤中的腐蚀电流密度和平均腐蚀速率判定。在土壤层未遭到破坏的地区，可采用土壤电阻率指标判定土壤腐蚀性。当存在细菌腐蚀时，应采用土壤氧化还原电位指标判定土壤腐蚀性。

2. 干扰评价

干扰评价分为直流干扰和交流干扰两类。

当管道任意点的管地电位较该点自腐蚀电位正向偏移大于20 mV或管道附近土壤电位梯度大于0.5 mV/m时，可确认管道受到直流干扰。管道受直流干扰程度应采用管地电位正向偏移指标或土壤电位梯度指标判定。当管地电位正向偏移值难以测取时，可采用土壤电位梯度指标评价。

当管道上的交流干扰电压高于4 V时，应采用交流电流密度进行评估。交流电流密度可通过测量获得，其测量方法应符合相关国家标准的规定。电流密度也可以通过公式进行计算。管道受交流干扰程度根据指标可分级判定为强、中、弱3个级别。当交流干扰程度判定为“强”时，应采取防护措施；当判定为“中”时，宜采取防护措施；当判定为“弱”时，可不采取防护措施。

3. 防腐层评价

防腐层评价分为防腐层缺陷性能评价和防腐层绝缘性能评价。

管道防腐层缺陷的评价可采用交流电位梯度法、直流电位梯度法（DCVG）、交流电流衰减法和密间隔电位法（CIPS）进行。评价分级详见表7-1。

表7-1 防腐层缺陷评价分级

检测方法	级别		
	轻	中	重
直流电位梯度法	电位梯度IR%较小，CP在通/断电时处于阴极状态	电位梯度IR%中等，CP在通/断电时处于中性状态	电位梯度IR%较大，CP在通/断电时处于阳极状态

续表

检测方法	级别		
	轻	中	重
交流电流衰减法	单位长度衰减量小	单位长度衰减量中等	单位长度衰减量大
密间隔电位法	通/断电电位轻微负于阴极保护电位准则	通/断电电位中等偏离并正于阴极保护电位准则	通/断电电位大幅偏离并正于阴极保护电位准则
评价结果	具有钝化或较低的腐蚀活性可能性	具有一般腐蚀活性	具有高腐蚀活性可能性
处理建议	可不开挖检测	计划开挖检测	立即开挖检测

防腐层绝缘性能评价，对环氧类、聚乙烯等高性能防腐层的绝缘性能可采用电流—电位法或交流电流衰减法进行定性评价；石油沥青防腐层绝缘性能评价指标应按照规范及规程要求的相关规定执行。

4. 阴极保护评价

阴极保护状况可采用管道极化电位进行评价。

在正常情况下，施加阴极保护后，使用铜/饱和硫酸铜参比电极（CSE）测得的管道极化电位应小于或等于−850 mV。存在细菌腐蚀时，管道极化电位值相较于 CSE 应小于或等于−950 mV。

当阴极极化电位难以达到−850 mV 时，可采用阴极极化或去极化电位差大于 100 mV 的判据。阴极保护的管道极化电位不应使被保护管道析氢或防腐层产生阴极剥离。

5. 管道腐蚀损伤评价

管道腐蚀损伤评价的方法应符合现行行业标准《钢制管道及储罐腐蚀评价标准　埋地钢质管道外腐蚀直接评价》（SY/T 0087.1）的有关规定。当采用剩余壁厚、危险截面和剩余强度 3 个层次逐级评价时，管道腐蚀损伤评价指标应符合规定。管道腐蚀速率应采用最大点蚀速率指标进行评价。

三、防腐层

1. 防腐层的分类

根据涂覆方式及材质，防腐层可分为挤压聚乙烯防腐层、熔结环氧粉末防腐层、双层环氧防腐层等。根据基本结构防腐材质的含量不同，可分为普通级和加强级。

2. 加强级防腐层

加强级防腐层结构适用于以下情况：

1）高压、次高压、中压管道和公称直径大于或等于 200 mm 的低压管道；

2）穿越河流、公路、铁路的管道；

3）有杂散电流干扰及存在细菌腐蚀的管道；

4）需要特殊保护的管道。

管道附件的防腐层等级不应低于管道防腐层等级。

3. 防腐层涂覆

防腐层涂覆前应对管道进行表面预处理，涂覆应在工厂进行，涂覆应完整、连续及管道黏结牢固，涂覆及质量应符合相应防腐层标准的要求。管道预留的裸露表面应涂刷防锈可焊涂料。

4. 防腐层的施工和验收

1）管沟底土方段应平整且无石块，石方段应有不小于 300 mm 厚的细软垫层，沟底不得出现损伤防腐层或造成电屏蔽的物体。

2）防腐管下沟前应对防腐层进行外观检查，并应采用电火花检漏仪进行检漏；检漏范围包括补口处。

3）防腐管下沟时应采取措施保护防腐层不受损伤；下沟后应对防腐层外观再次进行检查，发现防腐层缺陷应及时修复；防腐管回填后必须对防腐层完整性进行检查。

四、阴极保护

1. 一般要求

管道阴极保护可采用牺牲阳极法、强制电流法或两种方法的结合，设计时应根据工程规模、土壤环境、管道防腐层质量等因素，经济合理地选用。

管道阴极保护不应对相邻埋地管道或构筑物造成干扰；在管道埋地 6 个月内，正常阴极保护系统不能投入运行时，应采取临时性阴极保护措施。在强腐蚀性土壤中，管道在埋入地下时应施加临时阴极保护措施，直至正常阴极保护投产。对于受到杂散电流干扰影响的管道，阴极保护应在 3 个月内投入运行。

2. 系统施工与安装

1）阳极可采用水平式或立式安装；

2）牺牲阳极距离管道外壁宜为 0.5～3.0 m。成组布置时，阳极间距宜为 2.0～3.0 m；

3）牺牲阳极与管道间不得有其他地下金属设施；

4）牺牲阳极应埋设在土壤冰冻线以下；

5）测试装置处，牺牲阳极引出的电缆应通过测试装置连接到管道上。

3. 测试装置安装

阴极保护测试装置应坚固耐用，方便测试；装置上应注明编号，并应在运行期间保持完好状态。接线端子和测试柱均应采用铜制品并应封闭在测试盒内。

1）每个装置中应至少有 2 根电缆或双芯电缆与管道连接，电缆应采用颜色或其他标记法区分，全线应统一；

2）采用地下测试井安装方式时，应在井盖上注明标记。

五、干扰防护

当管道和电力输配系统、电汽化轨道交通系统、其他阴极保护系统或其他干扰源接近时，应进行实地调查，判断干扰的主要类型和影响程度。干扰防护应以排流保护为主，综合治理、共同防护的原则进行。

1. 直流干扰保护

1）受干扰影响的管道上任意点的管地电位应达到或接近未受干扰前的状态或达到阴极保护电位标准；

2）受干扰影响的管道的管地电位的负向偏移不宜超过管道防腐层的阴极剥离电位；

3）对排流保护系统以外的埋地管道或地下金属构筑物的干扰影响小；

4）当排流效果达不到以上要求时，可采用正电位平均值比指标进行评定。

2. 交流干扰保护

1）在土壤电阻率不大于 25 Ω·m 的地方，管道交流干扰电压应小于 4 V；在土壤电阻率大于 25 Ω·m 的地方，交流电流密度应小于 60 A/m^2。

2）在安装阴极保护电源设备、电位远传设备及测试桩位置处，管道上的持续干扰电压和瞬间干扰电压应小于相应设备所能承受的抗工频干扰电压和抗电强度指标，并应满足安全接触电压的要求。

六、运行管理

1. 防腐层检测周期

1）高压、次高压管道每 3 年不得少于 1 次；

2）中压管道每 5 年不得少于 1 次；

3）低压管道每 8 年不得少于 1 次；

4）再次检测的周期可根据上一次的检测结果和维护情况适当缩短。

2. 防腐层绝缘性能检测

管道防腐层的绝缘性能可采用电流—电位法定量检测或交流电流衰减法定性检测；防腐层的缺陷可采用直流电位梯度法、交流电位梯度法、交流电流衰减法、密间隔电位法进行检测。当管道出现泄漏、腐蚀深度大于或等于 50%壁厚时，应先进行管道补焊、补伤或更换，再实施防腐层的修补或更换。

3. 阴极保护系统检查周期

1）牺牲阳极阴极保护系统检测每 6 个月不得少于 1 次；

2）外加电流阴极保护系统检测每 6 个月不得少于 1 次；

3）电绝缘装置检测每年不得少于 1 次；

4）阴极保护电源检测每 2 个月不得少于 1 次；

5）阴极保护电源输出电流、电压检测每日不得少于 1 次。

对于阴极保护失效区域应进行重点检测，当出现管道与其他金属构筑物搭接、绝缘失效、阳极地床故障、管道防腐层漏点及套管绝缘失效等故障时，应及时排除。

阴极保护系统的保护率应为100%，强制电流阴极保护系统的运行率应大于或等于98%。

4. 干扰防护系统监测周期和监测

1）直流干扰防护系统应每月检测1次，检测内容应包括管地电位、排流电流；

2）交流干扰防护系统应每月检测1次，检测内容应包括管道交流干扰电压、管道交流电流密度和防护系统交流排流量。

干扰防护系统的维护应每年进行1次，两次维护之间的时间间隔不应超过18个月。当干扰防护系统主要元件进行维修或更换后，应进行24 h的连续测试。直流干扰防护系统应测试排流点管地电位和排流电流，交流干扰防护系统应测试接地点管道交流干扰电压。

5. 管道腐蚀损伤的检测

管道腐蚀损伤的检测内容主要包括：

1）管道金属表面的外观检查；

2）记录腐蚀形状和位置；

3）测量管道腐蚀蚀坑深度和腐蚀面积；

4）初步鉴定腐蚀产物的成分。

第三节　架空钢质管道

一、一般规定

根据现行行业标准《油气架空管道防腐保温技术标准》

（SY/T 7347）的规定，架空非保温管道应采用耐候性防腐层或增设耐候性防护层。耐候性防腐层可采用底漆、中间漆和面漆的复合结构，或无溶剂涂料的单一结构。管道的外防腐层宜在工厂预制，也可以现场制作。管道支撑和管道之间应采用非金属材质的绝缘垫片隔离，绝缘垫片的性能应符合现行行业标准《阴极保护管道的电绝缘标准》（SY/T 0086）的规定。

二、防腐层结构设计

架空燃气管道通常分为架空保温管道和架空非保温管道，本书仅对架空非保温管道提出要求。

1. 考虑因素

架空非保温管道外防腐结构的选择应考虑以下因素：

1）管道所处位置大气环境的腐蚀性、湿度、温度、温差、日照强度、日照时间、风力大小等；

2）管道输送介质的温度，表面结露的可能性；

3）可实施性和经济性。

2. 性能要求

架空非保温管道外防腐结构应具备以下性能：

1）良好的耐候性；

2）良好的抗介质渗透性能及耐盐雾性能；

3）较强的机械强度；

4）与钢铁表面有良好的黏结性；

5）防腐材料和施工工艺对基材的性能不产生有害影响；

6）易于修补。

3. 防腐层结构

架空非保温管道外防腐层结构宜采用单一结构的无溶剂聚脲防腐层；或采用环氧富锌底漆、环氧云铁中间漆、脂肪族聚氨酯或交联氟碳面漆的复合结构防腐层。

三、材料要求

非保温管道选用单一结构的无溶剂聚脲防腐层时，无溶剂聚脲涂料的 A 组分应为脂肪族异氰酸酯预聚物，B 组分应为端基带有-NH-极性基团的脂肪族聚合物，其技术指标和性能应符合相关要求。选用环氧富锌底漆、环氧云铁中间漆、脂肪族聚氨酯面漆或交联氟碳面漆的复合结构防腐层时，复合结构防腐层涂料和漆膜的技术指标及防腐层性能应符合相关要求。

涂料的 A、B 组分，配套结构的底漆、中间漆、面漆和稀释剂等应由同一供应商提供。

涂料产品应有产品名称、厂名、批号、生产日期、保质期限和色码等标志。涂料供应商应提供产品使用说明书、由国家认证的第三方检验机构出具的 12 个月内的检测报告、出厂检验报告及出厂质量合格证明书、产品标准、涂覆工艺及检验手册等文件。

各类涂料产品均以 10 t 为一批进行抽样检查，不足 10 t 时按 10 t 计算。出现不合格项时应加倍复查，仍有不合格项，该检验批不合格。以后每批聚脲涂料、环氧富锌底漆、环氧云铁中间漆、脂肪族聚氨酯面漆或交联氟碳面漆应按照相关规定进行检查，若有 1 项不合格，则该检验批次不合格。

四、施工要求

防腐层施工可选用喷涂和涂刷两种方式。涂敷作业前应进行工艺评定确定涂敷工艺。

1. 环境要求

施工时管道表面温度应高于露点 3℃以上，空气相对湿度应低于 85%。当出现以下情况且未采取有效保护措施时，不应进行施工：

1）雨雪或风沙天气；

2）风力达到 5 级以上；

3）相对湿度大于 85%。

配制好的涂料应在适用期内用完；不应使用已初凝、已过期或已变质的防腐材料。

2. 表面处理要求

钢管表面处理应符合以下要求：

1）表面处理前，应清除管道表面的油污、油脂、泥土等污染物，并对表面的焊瘤、毛刺和棱角等缺陷进行处理。

2）喷砂除锈时，应采用干燥洁净的压缩空气和磨料；钢管表面温度应达到并维持在高于露点 3℃以上，否则应采用适宜的加热方式对钢管表面预热。

3）钢管外表面处理后，应用清洁、干燥、无油的压缩空气将表面的砂粒、尘埃、锈粉等清除干净，灰尘等级应达到现行国家标准的相关要求。

4）表面处理合格的管道应在 2 h 内进行涂敷；出现返锈时应重新进行表面处理。

3. 涂料配制要求

涂料配制应符合以下要求：

1）应按照涂料供应商的要求进行涂料配制，涂料的 A、B 组分在使用前应分别搅拌均匀；

2）高压无气喷涂时，应按照涂料供应商规定的配比要求，设定喷涂机的输送比例，并应按要求对涂料进行预热、保温，确保涂料喷涂雾化良好；

3）人工刷涂时，应按照涂料供应商规定的比例混配，并搅拌均匀、熟化后使用。

4. 涂敷质量要求

现场涂敷过程中应进行以下质量控制：

1）每班施工开始时应检查并记录环境温度、露点及相对湿度，之后每 4 h 至少测试 1 次；

2）涂敷时应检查并记录管道表面温度，每 4 h 至少测试 1 次；

3）检查每道漆的漆膜外观，漆膜应涂敷均匀，平整光滑，无漏涂、气泡等缺陷；

4）测量每道漆的湿膜厚度，保证干膜厚度达到要求；

5）多道涂敷时，后道漆涂敷前应对前道漆进行涂层固化度检查。

最后一道面漆涂敷后，应进行质量检验，合格后，方可进行后续作业。

五、质量检验

现场涂敷防腐层时应对基材表面检验和处理，并应符合下列规定：

1）表面处理前对基材外观进行检验，应无锐角、毛刺、油污和积垢等；

2）表面处理和防腐层涂敷过程中应检测并记录环境温度、相对湿度、露点、风速和基材表面温度；

3）按照现行国家标准的规定对除锈后的钢管表面逐一目视检查，表面清洁度应达到 Sa2.5 级。

4）采用粗糙度测量仪或锚纹深度测试纸进行钢管表面锚纹深度测试，应每 4 h 至少检测 1 次，钢管表面锚纹深度应达到 40～100 μm；

5）按照现行国家标准对钢管表面的灰尘等级进行检测，每 4 h 检测 1 次，应至少选择钢管表面的任意 4 点，达到现行国家标准的要求。

六、补口及补伤

1. 防腐层补口

管道防腐层补口应符合以下要求：

1）应使用与管体防腐层相同/相容的补口材料和结构。补口位置防腐层等级和质量不应低于管体防腐等级和质量。

2）补口部位表面应进行清理，去除油污、泥土等杂物。补口防腐层与管体原有防腐层的搭接宽度应大于 50 mm，管体防腐层搭接部位的表面应进行打磨。

3）预制防腐管焊接前应遮盖焊口两边的防腐层，防止焊渣飞溅破坏防腐层。

4）防腐层补口施工完成后，应按照规定进行质量检验和缺陷处理。每个补口均应进行外观、厚度、固化度检查和电火花检漏；每 20 个口检测 1 次附着力，出现不合格时，应在本组内再抽验 2 个口，仍有不合格时，应逐个补口进行检查。附着力检测不合格的补口防腐层，应去除原补口防腐层后重新进行补口。

2. 防腐层补伤

管道防腐层的补伤应符合以下要求：

1）防腐层补伤使用的材料和结构应与原防腐层相容或相同。

2）修补材料应按照供货商推荐的方法储存和使用。

3）应将缺陷部位的防腐层清除干净，去除油污、泥土等杂物。已裸露的钢管表面应进行表面处理。

4）应按照修补材料供货商的要求打磨缺陷部位附近的防腐层。涂料类防腐层的打磨及修复搭接宽度应大于或等于 50 mm；熔结环氧粉末防腐层的打磨及修复搭接宽度应大于或等于 10 mm。

5）聚脲涂层存在连续面积大于或等于 0.5 m^2 的鼓泡、壳层等缺陷，应进行喷涂修补；存在面积小于 0.5 m^2 的不连续鼓泡、壳层、针孔等缺陷，宜采用手工修补。

6）补伤处应进行外观、固化度、厚度及漏点检测，并应符合相关规定。

七、维护和管理

架空管道防腐层的维护管理分为日常检查和常规检测。

日常检查为目测管道防腐层的外观质量。外观出现破损、老化、开裂等缺陷时，应及时修复。

常规检测应每年 1 次，检测内容和要求应符合现行行业标准《油气管道架空部分及其附属设施维护保养规程》（SY/T 6068）的相关规定。

每 3～5 年宜选取典型部位对管道的防腐层及管体表面进行详细检查。

第八章

燃气泄漏与防治

第一节　基本概念

燃气作为一种易燃易爆品，在其生产、储存、运输和使用过程中，由于各种原因，都具有泄漏的风险。燃气一旦发生泄漏，将会给燃气企业生产、燃气用户的日常生活乃至整个社会，带来极大的隐患和伤害。在某些特殊环境下，如在超低温（深冷）、高温、高压等工况条件下，出现泄漏的概率更大，导致发生安全事故的概率也就更高。经过多起泄漏事件带来的沉痛后果，人们不断进行总结与思考，通过科学手段和先进技术，针对泄漏预防预测和发生泄漏时的堵漏，取得了可观的效果。

一、泄漏的定义

在生产工艺系统中，由于设备和管道内外两侧存在压力差，内部压力通常远高于大气压力，因此，燃气将有可能通过孔隙、裂纹或损伤处等缺陷渗出、漏出或允许流动部位超过允许量的一种现象，称为泄漏。

二、泄漏的分类

由于泄漏发生的部位不固定，泄漏的形式多种多样，泄漏原因也不单一，因此，燃气泄漏可按照以下5种情况进行分类。

1. 泄漏形态

根据不同的生产特点、储存环境、运输条件和使用对象，燃气的形态通常为气态或液态。因此根据形态划分，燃气泄漏分为气态泄漏和液态泄漏。

2. 泄漏量

根据泄漏量的大小，燃气泄漏可分为渗涌和喷漏。

3. 泄漏部位

根据泄漏部位的不同，燃气泄漏可分为本体泄漏和密封泄漏。

本体泄漏是指直接发生在管道、阀体、罐壳体等设备本身部位泄漏。密封泄漏则是指密封件的泄漏，具体可细分为：

1）静密封泄漏：法兰、螺纹处泄漏。

2）动密封泄漏：泵、压缩机等设备密封处泄漏。

4. 泄漏流向

根据泄漏流向的不同，燃气泄漏可分为向外泄漏和内部泄漏两种情形。

当燃气向管道及设备外的开放空间泄漏时，即外泄漏。例如，管道受损破裂后，燃气通过缝隙向外泄漏；当燃气在管道系统中两个封闭空间内互相流通时，即内部泄漏。例如，当管道上的阀门关闭后，阀门两侧燃气依然处于流通状态。

5. 泄漏频率

根据泄漏频率的不同，燃气泄漏可分为突发性泄漏、经常性泄漏和渐进性泄漏 3 种。

突发性泄漏，顾名思义，就是泄漏具有不可预见性。例如，第三方施工时对燃气管道造成破坏，从而导致大量的燃气泄漏。突发性泄漏不仅泄漏量大，由于其不可预见性，导致抢险工作只能被动在其后进行，因此其危险性也最大。

经常性泄漏指的是经常发生泄漏的场所，最常见的场所包括厂站，尤其是燃气生产制造厂以及各类型加气站。

渐进性泄漏是指燃气泄漏具有渐进的特点。例如，刚投入运行时无泄漏现象，随着时间的积累，燃气管道出现腐蚀、燃气设备出现老化等现象，导致燃气逐渐出现逸漏。对于渐进性泄漏，应加强对运行管道的巡查和保养工作，发现泄漏应及时处理。

三、无泄漏标准

无泄漏标准是一个相对的、辩证的概念，要想达到“绝对意义上的无泄漏”是非常困难的，某些条件下甚至几乎是不可能的。例如，在加气站，加气枪开停机时，总会产生少量的泄漏，对于这种情况，在现场通风良好的条件下，各类安全防护设施齐全，通常不会构成安全威胁。通常静密封在理论上是有可能达到“无泄漏标准”的，但是对于动密封，如泵和压缩机等设备，由于其在工作中不可避免地伴随振动，就会造成密封处出现松动，因此若使动密封达到“无泄漏标准”几乎是不可能的。综上所述，所谓“无泄漏标准”，是指将允许的泄漏量限制在可控范围内。因此，通常具备以下条件时，可以将其视为或达到“无泄漏标准”：

1）密封点的数量及位置，要做到统计准确无误，且资料齐全；

2）现场管理完善，安全措施到位。及时检查，发现泄漏及时封堵；

3）在通风良好和安全防护措施齐全的条件下，泄漏率需保持在0.05%以下，且无明显泄漏；

4）燃气泄漏与空气混合后的浓度，需低于爆炸极限下限值20%以下，并且明显泄漏。

第二节　泄漏的危害及其原因

一、危害

燃气是一种易燃易爆品，一旦发生泄漏，就会造成极大的安全隐患。当泄漏的燃气遇到明火时，就有可能带来巨大的危害。近年来，燃气泄漏事故屡有发生，不仅造成了经济和财产损失，而且伴随周围人员的伤亡，甚至给居民生活、生产乃至整个社会造成严重影响。根据燃气泄漏事故造成的危害种类，主要体现在以下几个方面：

1. 经济损失

首先，是燃气本身的损失，燃气作为一种能源，其价值是肉眼可见的，燃气泄漏是对能源的一种浪费，在当前全球能源不断减少的大环境下，能源应当得到基本的保护。其次，燃气出现泄漏后，与之伴随的还有生产装置和机器设备的产出率和运转效率的降低，当泄漏量达到一定程度时，会导致生产装置和机器设备无法正常运行，甚至停产，从而造成更严重的经济损失。同时，燃气在泄漏后，原燃气管道和设备的密闭空间内，燃气的浓度也将发生变化，与空气混合后，进而发生安全事故的可能性随之增大。

2. 环境污染

由于燃气本身是由多种气体组成，其中往往包括硫化氢、二氧化碳、一氧化碳和氮氧化物等，因此，气态燃气一旦发生泄漏，其中的有害气体将会造成大气污染。而液态天然气除了对大气造成污染外，由于其超低温的特性，一旦出现大规模泄漏，将有可能对周围水土乃至对生态环境造成不可逆的严重危害。

3. 火灾爆炸

造成火灾与爆炸的三要素主要为可燃及爆炸性物质、助燃物和点火源。由于燃气本身是一种易燃易爆品，空气中本身就含有氧气这种助燃物，因此，燃气在发生泄漏时，通常就已经具备了其中的两个要素。一旦燃气和空气的混合浓度达到爆炸极限，在遇到明火的环境下就会发生爆炸。而燃气在生产、储存、运输及使用等环节中，对于明火往往不能做到完全避免。因此，燃气一旦发生泄漏，将有可能直接造成火灾和爆炸。

由于燃气泄漏会从多个方面带来危害，因此防治燃气泄漏是保证燃气运行安全工作的重中之重。应重点分析燃气泄漏产生的原因，针对不同原因采取有针对性的防治措施。

二、原因

燃气发生泄漏的原因很多，可以通过人、机、料、法、环 5 个方面，来分析燃气泄漏的原因。

1. 人的因素

由于人是整个社会一切生产、生活的第一主体，因此造成一切安全事故的首要和根本原因，往往就是人的原因。

由于市场经济竞争激烈，为了达到降低成本，追求高额利润的目的，人们往往急功近利，存在侥幸心理，从而忽视安全生产。例如，制度不健全；管理人员未履行管理职责；员工未经专门技术培训、盲目上岗作业，超量充装；设备更新不及时，安全保护设施不齐全；设备未及时维修保养；不按规定进行巡检、定检，发现问题不及时处理等。

人的因素具体可分为以下 3 种情况：

（1）管理人员

燃气是否能够安全运行，与管理人员的管理水平息息相关。

由于生产、生活中的每个人都不尽相同，因此管理人员需要具备一定的管理水平。在公平的前提下，应对每个人采取不同的管理方法，要尽可能发挥每个人的优势，规避或补足其短板，充分做到“人尽其才”。而有些管理人员，由于其缺乏较高的管理水平，对人员的工作安排往往较为随意，从而为日后的隐患埋下种子。

（2）作业人员

作为冲在第一线的作业人员，是与现场工作进行直接接触的。因此，作业人员自身的能力水平和工作态度将在很大程度上直接决定现场事故是否发生。

作业人员的能力水平一方面来自平时的安全教育和培训，另一方面来自日常工作的经验积累与总结；工作态度则是在思想上保持严格谨慎、严守规章制度。

（3）第三方人员

第三方人员的人为破坏也是造成燃气泄漏的一个重要原因。燃气设施若遭人破坏，往往会导致灾难性的后果。第三方施工单位在燃气管道周边进行施工时，应提前告知燃气经营企业，并制订相应的应急预案。第三方施工作业时，现场应有人值守，一旦发现异常情况，应立即停止施工，及时进行处理。任何不通知燃气经营企业，擅自进行第三方施工的行为均属于违法犯罪行为。所以，燃气企业必须切实加强安全保卫工作，防止人为破坏。

2. 机器设备因素

所谓机器设备，是指生产中所使用的设备、工具等辅助生产用具。在生产运行过程中，设备是否正常运作、工具的好坏都是影响生产效率和产品质量的重要因素。使用先进的机器设备，在提高质量的同时降低了事故风险，提高效率的同时赢得了更多的抢险救援时间。

3. 物料的因素

物料指的是半成品、配件、原料等产品用料。优质的材料可以大大增加其使用寿命，从而降低事故发生的风险；劣质材料则有可能降低产品的使用寿命，从而增大了事故发生的风险。

由于市场经济的激烈竞争，为了降低成本，追求高额利润，人们往往急功近利，存在侥幸心理，从而忽视安全生产。例如，采购产品质量以次充好，设备部件更新不及时，安全保护设施不齐全；设备未及时维修保养；不按规定进行巡检、定检，发现问题不及时处理等。

4. 法（规章制度）的因素

法，顾名思义，法则。是指生产过程中所需遵循的规章制度。包括工艺指导书、标准工序指引、生产图纸、生产计划表、产品作业标准、检验标准、各种操作规程等。它们在这里的作用是能及时准确地反映产品的生产和产品质量的要求。严格按照规程作业，是保证产品质量和生产进度的一个条件。不遵守安全操作规程、违章作业、技术不熟练和操作失误也是造成燃气泄漏的主要原因之一。

5. 环境因素

环境指的是周围。燃气管道及设施对环境也有一定的要求。如果长时间处于较为极端或者苛刻的工况环境，也会对管道及设施的寿命造成不良影响。例如，PE 管在冬季施工时，应注意环境温度，防止低温造成管道施工质量下降；钢管在湿度过大、风速较大的环境下也应停止施工，或采取有效的保护措施方可进行施工。

第三节　预防泄漏的措施

本章第二节对燃气泄漏的各种原因进行了详细分析，针对这些原因可以制订切实可行的预防措施，从而在很大程度上遏制燃气泄漏，保证燃气管道及设施的运行安全。在本节有关预防燃气泄漏的措施介绍中，要坚持“预防为主，综合治理”的方针，要引进风险管理技术等现代化安全管理手段进行预测、预防。包括定量检测结构中的缺陷，依靠安全评价理论和方法分析并作出评定，然后确定缺陷是否危害结构安全，对缺陷的形成、扩展和结构的失效过程以及失效后果等作出定量判断，并采取切实可行的防治措施。以下便是从人、机、料、法、环 5 个方面分别介绍相应的措施。

一、人员

1. 加强管理、增强防范意识

事实上，燃气泄漏往往能从管理上找到漏洞。因此，在燃气的生产、储存、运输和使用过程中，要从管理上狠下功夫，制订并运用科学的安全技术措施，对预防泄漏十分必要。

（1）运用先进的安全管理技术

21世纪是知识经济的时代，各行各业新的管理理论和技术，日新月异。泄漏预防领域也不例外，有较大的突破。例如，工业发达国家特别重视泄漏的预测和预防工作，提出并采用适用性评价技术和风险管理技术，不仅提高了结构材料失效预测预报水平，而且带来了可观的经济效益。

（2）完善管理制度、全面落实岗位职责

制定合理的生产工艺流程、安全操作规程、设备维修保养制度、巡回检查制度等管理制度；强化劳动纪律和岗位责任的落实；加强员工安全技术培训教育，增强技术素质和安全防范意识，掌握泄漏产生的原因、条件及治理方法，可以有效地减少或防止燃气泄漏事故的发生。

2. 设计可靠、工艺先进

由于燃气在我国已得到广泛利用，燃气输配技术有了很大的发展，新技术、新工艺、新材料不断涌现，为防止或减少燃气泄漏提供了可靠的技术基础。在燃气工程设计时要充分考虑以下几个方面的问题。

（1）工艺过程合理

可靠性理论证明，工艺过程环节越多，可靠性越差。反之，工艺过程环节越少，可靠性越好。在燃气工程中，采用先进技术紧缩工艺过程，尽量减少工艺设备，或选用危害性小的原材料和工艺步骤，简化工艺装置，是提高生产装置可靠性、安全性的一项关键措施。

（2）正确选择生产设备和材料

正确选择生产设备和材料是决定设计成败的关键。燃气工程所采用的设备、材料要与其使用的温度、压力、腐蚀性及介质的理化特性相适应。同时，要采取合理的防腐蚀、防磨损、防泄漏等保护措施。当选择使用新材料时，要先经过充分的试验和论证，方可采用。

在燃气工程施工中，如敷设埋地钢质燃气管道时，其管道外壁的防腐除可采用先进的粉末涂料防腐层外，还可选择在管网中埋设牺牲阳极保护装置，以加强防腐性能。

（3）正确选择密封装置

在燃气输配过程中，常常碰到静密封和动密封问题。因此密封材料、结构和形式设计要合理。例如，动密封可采用先进的机械密封、柔性石墨密封技术；在高温、高压和强腐蚀环境中，静密封宜采用聚四氟乙烯材料或金属缠绕垫圈等。

（4）设计留有余地或降额使用

为提高设计可靠性，应考虑提高设防标准。例如，在强腐蚀环境中，钢管壁厚在设计时要有一定的腐蚀裕量。

生产设施最大额定值的降额使用，也是提高可靠性的重要措施。设计的各项技术指标是指在任何情况下都不能超过的最大额定值。在燃气工程中，如工作压力参数，即使是瞬间的超过也是不允许的。

考虑阀门内漏可能造成反应失控，可考虑设两个阀门串联，以提高可靠性。

（5）装置结构形式要合理

装置结构形式是设计的核心内容，为了达到安全可靠的目的，装置结构形式应尽量做到简单化、最少化和最小化。例如，储存燃气球罐的底部接管，应尽量少而小，底部进出口阀门还要加设遥控切断阀，并设置在防护堤外。一旦发生泄漏，不必到罐底切断第一道阀门。

正确选择连接方法，并应尽量减少连接部位。由于焊接在强度和密封性能上效果好，所以连接应尽量选择焊接。

（6）方便使用和维修

设计时应考虑装配、检查、维修操作的方便，同时也要有利于处理应急事故及堵漏。装置上的阀门尽可能设置在一起，高处阀门应设置平台，以便操作。法兰连接螺栓应便于安装和拆卸。

二、机器设备

1. 装备先进

泄漏治理重在预测和预防，这就离不开先进的技术和装备作为支持。在燃气行业，生产装置或系统中应优先考虑装备先进的自动化监测和检测仪器与设备，如在燃气储罐上设置流量、压力、温度、液位传感器，在充装设备上设置超限报警器和自动切断阀，以及在防爆区域设置燃气泄漏浓度报警器、静电接地保护报警器等，便于将现场采集的数据传送到中控室，通过计算机管理，以达到现场监督和远程控制的目的。

2. 装置安全

（1）泄压装置

当出现超高压等异常情况时，防爆泄压是防止泄漏或爆炸事故的最后一道屏障，如果这道屏障失去作用，事故将不可避免地发生。在燃气工程中，防爆泄压装置有爆破片、紧急切断阀、拉断保护阀、放空排放装置和其他辅助保护装置等。

爆破片用于防止有突然超压和爆炸危险的设备爆炸。

紧急切断阀用于发生紧急事件时，紧急切断事发点上游的气源，以减少泄漏量，并最终达到中止燃气泄漏的目的。

拉断保护阀用于装卸燃气时，当充装软管突然受到强外力作用有被拉断的危险时，拉断保护阀先断开并自动切断气源，以保护充装软管免受拉断，防止燃气外泄。

放空排放装置用于紧急情况下排放燃气。

（2）防火装置

自动喷淋的洒水装置既可以形成水幕、水雾将系统隔离，也可以控制燃气扩散方向，可稀释并降低燃气与空气的混合浓度，从而降低火灾或爆炸的风险。

（3）安全隔离装置

例如液化石油气储罐区，一般都设置防泄漏扩散防护堤，一旦发生泄漏，可以将外泄的液化石油气控制在罐区之内，以便及时采取喷淋驱散或稀释措施，消除事故隐患。

三、物料

在燃气工程中，安全防护物料包括安全附件和其他辅助保护部件。

1. 安全附件

安全附件包括安全阀、压力表、温度计、液位计等。当出现超压、超温、超液位等异常情况时，安全附件是防范泄漏事故的重要装置。因此，安全附件要做到灵敏可靠、定检合格和齐全有效。

2. 其他辅助保护部件

为防止杂质进入密封面产生泄漏，可在阀门和密封处设置过滤器、排污阀、防尘罩、隔膜等。

四、规章制度

1. 规范操作

规范操作是防止泄漏十分重要的措施。防止出现操作失误和违章作业，控制正常的生产条件，如压力、温度、流量、液位等，减少或杜绝人为操作所导致的泄漏事故。

2. 加强检查和维护

运行中的燃气设施，要经常进行检查和维修保养，发现泄漏要及时进行处理，以保证系统处于良好的工作状态。制度规定必须定期检查、检验和维修的要如期实施，发现隐患要及时整改；要通过预防性的检查、维修，改进零部件、密封填料，紧固松弛的法兰、螺栓等方法消除泄漏；对于已老化、技术落后、泄漏事件频发的设备，应进行更新换代，从根本上解决泄漏问题。

五、环境

燃气在生产、储存、运输和使用过程中，应密切关注周围环境的变化，重点分析环境变化对燃气管道和设施所带来的影响，必要时应采取相应的保护措施，避免使其长期处于极端不利的环境中。

第四节　泄漏检测技术

防止泄漏，首先需要做的是及时发现泄漏。如果能在早期及时发现泄漏位置，及早采取行之有效的措施，则可以将隐患控制，避免隐患最终酿成事故。尤其是燃气生产作业区域和使用场所，泄漏检测更显得重要和必要。传统上，人们凭借天长日久积累的经验，依靠自身的感觉器官，用“眼看、耳听、鼻闻、手摸”等原始方法查找泄漏。由于燃气理化特性的限制，采用传统方法查找泄漏往往不准确或失效。随着现代电子技术和计算机的迅速发展和普及，泄漏检测技术正在向仪器检测、设备监测方向发展，高灵敏度的自动化检测仪器已逐步取代人的感官和经验。

目前，世界上通用的泄漏检测方法有视觉检漏法、声音检漏法、嗅觉检漏法和示踪剂检漏法。

一、视觉检漏法

通过视觉来检测泄漏，常用的光学仪器有内窥镜、摄像机和红外线检测仪等。

1. 内窥镜

工业内窥镜与医用胃镜的结构原理相同，它一般由光导纤维制成，是一种精密的光学仪器。内窥镜在物镜一端有光源，另一端是目镜，使用时把物镜端伸入要观察的地方，启动光源，调节目镜焦距，就能清晰地看到内部图像，从而发现有无泄漏，并且可以准确地判断产生泄漏的原因。内窥镜主要用于管道、容器内壁的检测。常用的内窥镜有以下 3 种：

（1）硬管镜

清晰度较高，但不能弯曲且探测的长度有限。

（2）光纤镜

可以弯曲、拐弯，但清晰度不高。

（3）电子镜

电子镜是集硬管镜和光纤镜之长的一种先进的内窥镜，既能弯曲，又能保证高清晰度。电子镜不能用肉眼直接看，只能借助外接成像系统才能发现内部缺陷和泄漏情况。

2. 摄像机

利用伸入管道、容器内部的摄像头和计算机，便可直观地探测到内部缺陷和泄漏情况。

3. 红外线

自然界的一切物体都有辐射红外线的特性，温度高低不同的材料，其辐射红外线强弱也不相同。红外线探测设备就是利用这一自然现象，探测和判别被检测目标的温度高低与热场分布，对运行中的管道、设备进行测温和检测泄漏。特别是热成像技术，即使在夜间无光的情况下，也能得到物体的热分布图像，根据被测物体各部位的温度差异，结合设备结构和管道的分布，可以诊断管道、设备运行状况，有无故障或故障发生部位、损伤程度及引起事故的原因。

红外线检测技术常用的设备有红外测温仪、红外热像仪和红外热电视。其中，红外热像仪多用于燃气泄漏检测。

由于管道、容器内的燃气大多跟周围环境有显著的温差，故可以通过红外热像仪检测管道、设备周围温度的变化来判断泄漏。例如，海底敷设的燃气管道就可以使用热像仪来检测。在美国等工业发达国家多使用直升机巡线，机载红外热成像仪器低空飞行检测管线安全运行状况，每天能检测几百千米的管道。

二、声音检漏法

发生泄漏时，流体喷出管道、设备与器壁摩擦，流体穿过漏点时形成湍流以及与空气、土壤等撞击都会发出泄漏声波。特别是在窄缝泄漏过程中，由于流体在横截面上流速的差异产生压力脉动，从而形成声源。采用高灵敏的声波换能器能够捕捉到泄漏声，并将接收到的信号转变成电信号，经放大、滤波处理后，换成人耳能够听得到的声音，同时在仪表上显示，就可以发现泄漏点。燃气工程中常用的声音检漏法有以下 3 种：

1. 超声波

超声波检漏仪是根据超声波原理设计而成的，接收频率一般在 20～100 kHz，能在 15 m 以外发现压力为 35 kPa 的管道和容器上 0.25 mm 的漏孔。探头部分外接类似卫星接收天线的抛物面聚声盘，可以提高接收的灵敏性和方向性；外接塑料软管可用于检测弯曲的管道。

在停产检修的工艺系统中，内外没有压差的情况下，可使系统内部充满强烈的超声波，因超声波可以从缝隙处泄漏出来，用超声检漏仪探头对受检设备进行扫描，就可以找到裂纹或穿孔点。

2. 声脉冲

燃气管道内传播的声波，一旦遇到管壁畸变（如漏孔、裂缝等缺陷）会产生反射回波。缺陷越大，回波信号也越大，回波的存在是声脉冲检测的依据。因此，在管道的一端安装一个声脉冲发送、接收装置，根据发送和接收回波的时间差，就可以计算出管道缺陷的位置。智能声脉冲检漏仪既可以检测黑色金属、有色金属管道的泄漏，也可以检测非金属管道的泄漏。

3. 声发射

由材料力学可知，固体材料在外力的作用下发生变形或断裂时，其内部晶格的错位、晶界滑移或内部裂纹的产生和发展，都会释放出声波，这种现象称为声发射。

声发射检测技术就是利用容器在高压作用下缺陷扩展时所发生的声音信号进行内部缺陷检测，它是一种技术先进并且很有发展潜力的检漏技术。特别是在燃气输配过程中，对在运行工况条件下的压力管道、容器可进行无损检测，不必停产，节省大量的人力物力，缩短检测周期，经济效益十分显著。

三、嗅觉检漏法

嗅觉检漏法在燃气工程中应用非常广泛。近年来，以电子技术为基础的气体传感器得到迅速发展和普及，各式各样的可燃气体检测仪和报警器层出不穷。这些可燃气体检测仪和报警器的基本原理是利用探测器检测周围的气体，通过气体传感器或电子气敏元件得出电信号，经处理器模拟运算给出气体混合参数，当燃气逸出与空气混合达到一定的浓度时，检测仪、报警器就会发出声光报警信号。可燃气体检测仪和报警器种类很多，按安装形式可分为固定式和移动式两种；按传感器的检测原理可分为火焰电离式、催化燃烧式、半导体气敏式、红外线吸收式、热线型和电化学式 6 种。在我国燃气行业中，常用的传感器是催化燃烧式和半导体气敏式。

四、示踪剂检漏法

由于液化石油气、天然气等燃气一般都无色无味，泄漏时很难察觉。为快捷地发现泄漏和安全起见，通常在燃气中添加一种易于检测的化学物质，称为示踪剂。现行国家标准《城镇燃气设计规范》（GB 50028）中明确规定，燃气在进入社区之前必须加入臭味剂。加入的臭味剂多采用硫化物，如四氢噻吩。四氢噻吩是全世界公认最好的加臭剂。加臭后的燃气如发生泄漏是较容易察觉出的。

第五节　堵漏技术

当今泄漏治理技术有了较大进步和发展，各种堵漏的设备、工具和方法也很多。但从整体上来说，技术水平还不高，效果也不够理想。尤其是燃气泄漏的治理，由于泄漏部位以及运行中的压力、温度等条件的限制，在运行工况条件下堵漏，依然是棘手的难题。以下介绍几种常用的堵漏方法：

一、不带压堵漏

顾名思义，不带压堵漏就是将系统中介质的压力降至常压，或进行置换、隔离后的堵漏技术。不带压堵漏最常见的方法是动火焊接和黏结。

1. 动火焊接

在燃气工程中，动火焊接修补漏点，必须预先制订施工方案，办理动火作业许可证，并落实以下基本安全技术措施：

（1）隔离

停工检修的燃气管道与设备，在动火焊接之前，必须与运行系统进行有效的隔离。但隔离仅靠关闭阀门是不够的。因为阀门经过长期的介质冲刷、腐蚀、结垢或杂质积存，很可能发生内漏。正确的隔离方法是将与检修设备相连的管道拆开，然后在管道一侧的法兰上安装盲板。如果无可拆部分或拆卸十分困难，则应在与检修设备相连的管道法兰接头之间插入盲板。若动火时间很短，低压系统可用水封隔离，但必须派专人现场监护。

检修完工后，系统恢复运行前，抽盲板属于危险作业，必须严格按照施工方案的要求进行。盲板应进行编号，逐个检查。否则该堵的未堵，将发生泄漏，从而导致安全事故发生；该抽的未抽，会影响装置的开启和正常运行，严重情况还会导致设备损坏事故。

（2）置换

装置检修前，应对系统内部介质进行置换。燃气装置中介质的置换，通常采用惰性气体（如氮气）和水。系统置换后，若需要进入装置内部作业的，还必须严格遵守“限制空间作业规程”的有关安全技术规定，以防发生意外。

（3）检测可燃气体浓度

为确保检修施工安全，焊补作业前30 min，应从管道、容器中及动火作业环境周围的不同地点进行取样分析，检测可燃气体混合浓度合格后方可动火作业。有条件的，在动火作业过程中，还要用仪器进行现场检测。如果动火中断30 min以上，应重新作气体分析。

从理论上来看，只要空气中可燃气体浓度低于爆炸浓度下限，就不会发生爆炸事故，但考虑到取样分析的代表性，仪表的准确度和分析误差，应留有足够的安全裕度。我国燃气行业要求的安全燃气浓度一般低于爆炸下限值的25%。如果需进入容器内部操作，除保证可燃气体浓度合格外，还应保证容器内部含氧量不小于18%。

2. 黏结

使用黏结剂进行连接的工艺称为黏结。黏结技术在泄漏治理中正发挥越来越重要的作用，而且发展前景远大。有的黏结工艺方法能达到较高的强度，且已部分地取代传统的连接工艺方法，如焊接、铆接、压接、过盈连接等。特别是对PE管道的堵漏修补，优势十分明显。事实上，对于钢质材料的黏结修补始终还存在强度偏低的问题，因此不宜用于高压、中压燃气装置的泄漏治理。

（1）黏结材料

黏结材料主要是指胶黏剂，俗称“胶”。胶黏剂种类繁多，组分各异，按化学成分可以分为有机和无机两大类。目前使用的胶黏剂以有机胶黏剂为主，如合成树脂型、合成橡胶型、丙烯酸酯类和热熔胶等。

胶黏剂可根据设备压力、温度、结构状况和母材类型等情况进行选用。堵漏常用的胶黏剂为环氧树脂类。胶黏剂大多呈胶泥状，使用时不流淌、不滴溅，便于施工。

（2）黏结的特点

黏结作为一种堵漏工艺具有以下优点：

1）适应范围广，能黏结各种金属、非金属材料，而且能黏结两种不同的材料。

2）黏结过程不需要高温，不用动火，黏结的部位没有热影响区或变形问题。

3）黏结剂具有耐化学腐蚀、绝缘等性能。

4）工艺简单，方便现场操作，成本低，安全可靠。

黏结的缺点：

1）不耐高温，一般结构胶只能在150℃以下长期工作。

2）抗冲击性能差，抗弯、抗剥离强度低，耐压强度较低。

3）耐老化性能差，影响长期使用。

由于以上缺点，黏结工艺用于高压、中压燃气设施堵漏受到一定限制。但是黏结工艺在堵漏领域仍占有重要地位，而且发展潜力很大，一些过去不能适应的环境现在已能从容应对。所以黏结工艺将是燃气工程堵漏技术的发展趋势。

3. 施工工艺

黏结施工前，应先将处理部位表面锈物、污垢除净抛光，然后用丙酮清洗；再按说明书要求的比例将各组分混合均匀；将配好的胶泥涂覆在管道或设备泄漏部位；最后覆盖上加强物（如玻璃纤维布、塑料等）；待固化后，再进行试压，试验合格后，方可投入使用。

黏结法一般不能直接带压堵漏。因为胶黏剂都有一个从流体到固体的固化过程，在没有固化时，胶本身还没有强度，此时涂胶，马上就会被漏出的气体冲走或冲出缝隙，即使固化也容易产生裂缝，达不到止漏的目的。

正确地使用胶黏剂带压堵漏，必须配合适当的操作工艺。一般有两种方法：一是先制止泄漏，即“先堵后贴”二步法，使胶在没有干扰的情况下完成固化过程，如填塞止漏、顶压止漏、磁力压固止漏等；二是“先黏后堵”二步法，如引流法等。

二、带压堵漏

带压堵漏是指在不停产、不降温、不降压的条件下完成堵漏。采用这种技术可以迅速地消除管道或设备上出现的泄漏，特别是应对突发事件时，对防止事故的发生具有非常重要的意义。

带压堵漏方法虽然很多，但从整体上来说，技术还不够成熟，实际操作往往离不开传统的“夹具”。目前常用的带压堵漏方法有夹具、夹具注胶、填塞、顶压、引流、缠绕、气囊、内压、冷冻、顶压焊接等。

1. 夹具堵漏法

夹具是最原始的消除低压泄漏的专用工具，俗称“卡子或管子”。一般由钢管夹、密封垫和紧固螺栓组成。

常用的夹具是对开的两半圆状物，使用时先将夹具扣在穿孔处附近，插上密封垫后再安装螺栓，力度以能使卡子左右移动为宜，然后将卡子慢慢移至穿孔部位，上紧螺栓固定。在紧固螺栓操作时，可用铜锤敲击夹具外表面，以便使密封垫嵌入泄漏点内。选择密封垫的厚度要适中，同时还要认真考虑漏点的位置及介质的压力、温度等因素。

2. 夹具注胶法

夹具注胶堵漏实际上是机械夹具与密封技术复合发展的一种技术。其所使用的材料和工具如下。

（1）密封胶

国内常用的密封胶有几十种，但各自性能不同。由于密封胶与泄漏介质直接接触，所以应根据不同的温度、压力和介质选择不同种类的密封剂。

密封胶按受热特性可分为热固化型和非热固化型两大类。由于燃气泄漏往往使温度急剧下降，漏点处会结霜上冻，所以用于燃气泄漏的密封胶应选用非热固化型，且要求使用温度通常在-20℃左右或更低。

（2）高压注射枪与手动油泵

高压注射枪用来将密封胶注射到密封夹具内部空腔。它由胶料腔、活塞杆、液压缸、连接螺母4部分组成，工作过程分为注射和自动复位两个阶段。

手动油泵的作用是产生高压油，推动高压注射枪的活塞，使密封胶射入密封空腔，以达到堵漏的目的。

（3）夹具

夹具的作用是包裹高压注射枪射进的密封胶，使之保持足够的压力，防止燃气外漏，夹具的设计制作取决于泄漏处的尺寸和形状，具体要求如下：

1）具有足够的强度和刚度，在螺栓拧紧时不允许有明显的变形，避免因强度过低，使夹具在注胶压力下产生变形，从而导致堵漏失败。

2）夹具制作精确度要高，尽量减少配合间隙，以防密封胶渗出，同时要保持夹具内腔通畅。注胶孔应多而匀，一般为4～10个，这样就可以在连接注射枪时躲开障碍物，并可观察胶的填充情况。

3）应考虑选材和加工方便，尽量减少加工工序。

4）夹具要向标准化靠拢，如标准法兰、弯头、三通等。

（4）堵漏操作方法

1）准备工作：堵漏人员必须经过专业技术培训，持证上岗。堵漏前，堵漏人员应先到现场了解泄漏介质的性质、系统的温度和压力参数，选择合适的密封胶和夹具。

2）安装夹具：安装夹具要注意注胶孔的位置，应便于操作。安装时还要注意夹具与泄漏本体的间隙，间隙越小越好，一般来说，间隙不宜大于0.5 mm，否则应通过加垫片措施消除间隙。夹具上每个注胶孔应预先安装好注射接头，接头上的旋塞阀应全开，泄漏点附近要有注射接头，以利于泄漏物引流、卸压。

3）注射密封胶：在注射接头上安装高压注射枪，枪内装上密封胶，将注射枪和油泵连接起来，即可进行注胶操作。注射时，先从远离泄漏点背面开始，将胶往漏处引。如果有两个漏点，则从其中间开始。一个注射点注射完毕，应立即关闭注射点上的阀门，再将注射枪移至下一个注射点，直至泄漏点消除为止。

三、带压焊接堵漏

事实上，发生泄漏的部位往往作业空间狭小，而且可能是在高压、低温场合，夹具安装很困难，甚至有些泄漏部位结构复杂，几何形状不规则，如罐体接出管道根部位置，夹具无法安装。此时可以考虑采用带压焊接堵漏方法。

1. 常用方法

带压焊接堵漏与管道运行时带压接线的方法基本相同，带压焊接堵漏的基本方法有以下两种。

（1）短管引压焊接堵漏

泄漏缺陷中较多一类情况是管道上的三通根部断裂，或焊缝出现砂眼、穿孔等。这种泄漏状态往往表现为介质向外直喷，垂直方向喷射压力较大，而水平方向压力相应较小。根据这一特点，可在原断裂管外加焊一段直径稍大的短管，然后在焊好的短管上装上阀门，以达到消除泄漏的目的。短管应事先焊好，在缺陷管的根部连接主管道外径为贴面，增加马鞍形加强圈，以便焊接引管更为容易、安全可靠。安装的阀门应采用闸阀，便于更好地引压。这种方法时间短，操作简便，适用于中压、高压管道的泄漏故障。

（2）直接焊接堵漏

对于压力较低或可以实施局部停气降压、泄漏量又不太大的管道，可采用直接焊接堵漏方法。堵漏焊接前应按《带气接线安全操作规程》的要求制订详尽的施工方案，并将管道内燃气压力降至400～800 Pa（管内压力始终保持不低于200 Pa），以防止当压力过低时，外部空气有可能以对流形式渗入管内而达到爆炸极限。焊接时要通过堆焊、边挤压方法逐渐缩小漏点，最终达到堵漏的目的。

2. 带压焊接堵漏技术措施

带压焊接堵漏在操作时应充分考虑现场具体的技术与环境条件，如系统中温度、压力、燃气介质、管材、现场施工条件等因素，并采取相应的有针对性的安全技术措施。

1）焊接堵漏用的管材、板材应与原管道母材相匹配，焊接材料与原有管道材料相对应。

2）在带压焊接堵漏时，考虑到泄漏介质在焊接过程中对焊条的敏感作用，打底焊条可采用易操作、焊条性能较好的材料，而中间层及盖面焊条必须按规范要求选用。

3. 注意事项

燃气泄漏可能造成漏点周围形成易燃易爆或有毒的空间环境，稍有不慎，便会导致人身伤亡和财产损失事故的发生。因此，必须在施工前制订周密的实施方案，包括安全技术措施，并在施工中严格执行。除此之外，还要注意以下事项：

1）在处理管道泄漏焊接前，要事先进行测厚，掌握泄漏点附近管壁厚度，以确保作业过程中的安全。

2）在高压、中压管道泄漏焊接时，应采用小电流，而且电焊的方向应偏向新增短管的加强板，避免在泄漏的管壁产生过大的熔深。

3）高温运行的管道补焊，其熔深必然会增加，需要进一步控制焊接电流，一般可比正常小10%左右。

4）焊接堵漏施焊时，严禁焊透主管。带压焊接堵漏方法只是一种临时性的应急措施，许多泄漏故障还须通过其他手段或必要的停车检修来处理。即使采取了带压焊接堵漏，在系统或装置大修或停气检修时，也应将堵漏部分用新管加以更新，以确保下一个检修周期的安全运行。

第九章

安全生产管理制度

第一节　安全教育制度

一、三级安全教育制度

新入职人员（包括新工人、培训与实习人员、外单位调入人员等）按规定必须进行厂（公司）、车间（气站）、班组（工段）三级安全教育。

（1）厂级安全教育

厂级安全教育由人事部门组织，安全技术部门负责教育。其内容主要包括：学习国家安全生产法律法规及企业安全管理制度；安全生产重要意义与一般安全知识；本单位生产特点，重大事故案例；厂纪厂规及入职后的安全职责，安全注意事项，劳动卫生与职业病预防等。经考试合格，方准分配到车间。

（2）车间级安全教育

车间级安全教育由车间安全管理人或安全员进行教育。其内容主要包括：学习行业标准与规范；车间生产特点与工艺流程，主要设备的性能；安全技术规程和安全管理制度；主要危险和危害因素，事故教训，预防事故及职业危害的主要措施；事故应急处理措施等。

（3）班组级安全教育

班组级安全教育由班组（工段）长负责。其内容主要包括：岗位生产任务特点，主要设备结构原理，操作注意事项；岗位责任制和安全技术操作规程；各种机具设备及其安全防护设施的性能和作用；事故案例及预防措施；个人防护用品使用；消防器材的使用方法等。

二、日常安全教育

日常安全教育的内容包括安全思想政策教育；法制观念、劳动纪律和规章制度教育；安全技术教育；事故案例教育、企业安全文化教育等。

各级安全生产责任人和管理人要对职工进行经常性企业安全文化、安全技术和遵章守纪教育，增强职工的安全意识和法制观念。

应定期举办安全学习培训和宣传活动，充分利用各种形式对职工的职业安全卫生开展教育。

组织好安全生产日活动，白班每周 1 次，倒班每轮班次。活动内容包括：学习有关安全生产文件、通报及报刊；安全技术、生产技术，操作规程、工业卫生等知识；观看安全、劳动保护等方面录像；学习防火、防爆、急救知识，现场演练安全、劳动防护用品以及消防器材的使用；开展岗位练兵、安全技术操作比赛；开展事故预想和事故应急演习；分析事故案例、总结经验教训；开展有益于安全生产的活动，进行典型教育、表扬安全生产事迹、交流安全工作经验等。

班组应坚持班前、班后会，提出安全生产要求，指出不安全因素，总结本班安全生产情况。

有计划地对职工进行自我保护意识教育，开展职工自救能力及事故应急抢救的训练。

装置大修及重大危险性作业时，指导检修单位进行检修前的安全教育等。

三、特种作业上岗教育

特种作业人员必须按国家经贸委发布的《特种作业人员安全技术培训考核管理办法》、国家质检总局颁发的《特种设备作业人员培训考核管理规则》等规定进行安全技术培训考核，取得特种作业证后，方可从事特种作业。

特种作业人员必须按《特种作业人员安全技术培训考核管理办法》的规定期限进行复审，复审合格后，方可继续从事特种作业。

对特种作业人员，主管部门至少每 2 年组织 1 次培训。其内容包括本专业工种的安全技术知识、安全规定、故障排除及灾害事故案例分析等。

在新工艺、新技术、新设备、新材料、新产品投产使用前，要按新的安全技术规程，对岗位作业人员和有关人员进行专门教育，考试合格后，方可进行独立作业。

四、用气安全宣传教育制度

为了引导用户安全使用燃气，提高广大用户的安全用气知识，燃气经营单位有义务对用户进行安全用气的宣传教育。

宣传教育的主要内容有燃气基本常识、安全使用常识、燃气具操作方法、安全防火知识等。

宣传教育的形式：印制用户安全用气手册，并免费向用户派送；利用报纸、广播、电视等形式进行安全用气宣传；组织人员不定期到公共场所或居民小区等人口密集的地方开展宣传活动，并派发印有安全用气内容的宣传资料；建立客户服务热线，随时解答用户咨询问题。

第二节　安全检修制度

燃气装置的检修分为日常检修、计划检修和计划外检修3类，其检修的特点、内容和要求各有不同。但无论哪种检修，都必须严格遵守检修安全管理制度的规定。

一、检修的特点

1. 日常检修

一般是在不停产的情况下，按设备管理制度中的小修内容进行，以维修工为主，操作工为辅。

2. 计划检修

一般是在装置停车的情况下，按装置的大、中修计划进行。计划检修应制定切实可行、安全可靠的检修方案，以检修单位为主，生产单位为辅。

3. 计划外检修

一般是指突发事故时的检修，可按《事故应急预案》规定的程序和方法进行处理。

二、检修的基本规定

检修开工前，要制订检修方案并根据检修方案进行检修安全技术交底；组织全体检修人员进行安全教育，明确安全注意事项，落实安全责任。

检修作业涉及动火作业、动土作业、高处作业和进入限制空间作业等，必须进行风险评估，制定对策。且按规定的程序办理申请、审核、批准手续。未办理作业许可证的，一律不准动工。

检修作业全过程必须有专人进行监护，并且要开展巡回检查，发现问题，及时处理。检修完工后，必须彻底清理现场，防止检修工器具或杂物掉入检修设备内，避免意外事故的发生。

装置检修的现场记录及其他检修技术文件，必须真实、完整、有效，并按规定要求进行整理归档。

第三节　安全会议制度

安全会议包括生产班前与班后会、周会、月会、季会、半年和年终大会以及各专题安全会议等。安全会议必须记录齐全，且应记录会议主题和内容、时间、地点、主持人、出席人，其中出席人员要履行会议签到手续。

一、班前与班后安全会议

班前与班后安全会议每天召开，由班组长主持。主要内容是在布置生产任务的同时提出安全生产要求，指出不安全因素，工作结束后对当天安全生产情况进行小结。

二、周安全工作会议

周安全工作会议白班每周一次，倒班每轮班一次，由班组长或工段长主持。主要内容是总结安全生产活动日成效和本周安全生产情况；根据生产特点和安全工作具体情况，有针对性地开展安全知识教育和技能培训等。

三、月安全工作会议

月安全工作会议每月召开一次，由车间主任（或生产单位主要负责人）主持。主要内容是总结当月安全生产工作情况，分析研究安全生产形势，查找生产过程中存在的问题，提出解决问题的具体措施；根据当前安全生产形势的特点和典型事故案例，有针对性地开展安全生产法规、标准规范、规章制度学习，传达上级主管部门有关安全工作的指示精神等。

四、季度安全工作会议

季度安全工作会议每季度召开一次，由厂长或公司经理主持。主要内容是总结上季度安全生产工作实施情况，通报本单位安全生产形势，布置本季度安全生产具体工作；组织各车间或各生产部门主要负责人学习安全生产法律法规，传达国家、各级政府和行业主管部门有关安全生产的文件精神等。

五、半年和年终安全工作会议

半年和年终安全工作会议由车间主任（或生产单位主要负责人）、厂长经理人员分别主持。主要内容是进行半年和全年安全生产工作总结，检查安全生产指标落实情况、安全事故控制情况；下级安全生产工作总结应向上级主管部门报告，企业安全生产总结应向政府安全生产主管部门报告。

六、专题安全工作会议

专题安全工作会议不定期召开，由各级安全生产负责人主持。专题安全工作会议主要是为适应安全生产形势、安全技术特点、特殊气候条件、重大事件、重大节日庆典等安全要求而召开；会议主要内容是说明专题安全工作目标和意义、提出具体工作要求、制订安全防范措施、层层落实安全责任、防止安全事故的发生。

第四节　定期检验制度

定期检验是指根据国家相关法规的规定，对在用压力容器、压力管道、安全附件、流量计、计量衡器、防雷与防静电设施等，实行强制性检验项目。强制性检验对象在投入使用前必须经法定检验机构检验或校验合格；在投入使用后，必须按规定的周期进行检验、校验。未经检验、校验的或检验、校验不合格的，一律不得投入使用。

一、压力容器的定期检验

压力容器的定期检验是指在压力容器的设计使用期限内，每隔固定的时间，依据《压力容器定期检验规则》规定的内容和方法，对其承压部件和安全装置进行检查或做必要的试验，并对它的技术状况作出科学的判断，以确定压力容器能否继续安全使用，到期未检验或检验不合格的压力容器禁止使用。

二、压力管道的定期检验

这里所讲的压力管道，指燃气场站内的压力管道，其定期检验必须按《在用工业管道定期检验规程（试行）》规定的内容和方法进行，到期未检验或检验不合格的压力管道禁止使用。

三、安全附件定期检验

生产装置上的安全附件（如安全阀、紧急切断阀、压力表、温度计、液位计等）必须按有关规定进行定期检验，过期未检验或检验不合格的安全附件禁止使用。

第五节　设备安全管理制度

一、日常维护保养制度

操作人员要认真学习业务技术，努力做到“四懂”“三会”。“四懂”，即懂结构、懂原理、懂性能、懂用途；“三会”，即会使用、会维护保养、会排除故障。

严格按《安全操作规程》的要求、程序对设备进行启动、运行、停车。保证设备运行不超温、不超压、不超负荷。凡需润滑、水冷的设备，必须保持正常的油位和水位。严格执行巡回检查制度，一般通过“眼看、耳听、鼻闻、手摸”的方法，对设备进行细致的检查，预防设备发生故障，掌握判断设备故障和紧急处理的方法及措施。发现异常情况，要采取果断的措施或按紧急停车的方法停车。未弄清原因和排除故障前不准开车，并挂牌警示。凡需停车检修的设备，首先应向主管领导报告。

设备的专管人员是设备日常保养工作的具体执行人，应做好专管设备的擦洗清洁、润滑、冷却、紧固、密封、防腐及一般性故障的排除。保持专管主机及附属管道、配电、仪表等设施始终处于完好状态。

二、设备（装置）停车检修安全管理制度

燃气生产设备无论是大修小修、计划内检修还是计划外检修，都必须严格遵守检修作业各项安全管理制度，办理各种安全检修作业许可证（如动火、动土作业许可证）的申请、审核和批准手续。燃气生产装置检修的安全管理要贯穿检修的全过程，包括检修前的准备、装置的停车、检修，直至开车的全过程，这是燃气设备检修的重要管理工作。

（1）设备停车检修

尤其是大型燃气设备或生产装置的停车检修，应成立检修指挥机构，负责检修计划、调度及安全管理工作。

（2）检修计划

检修计划的制订和实施必须统筹考虑，根据生产工艺过程及公

用工程之间的相互关联，规定各装置先后停车顺序；停气、停水、停电的具体时间；何时倒空、反置换等。此外，还要明确规定各个装置的检修时间和检修项目，以及试验、置换、开车顺序。一般要画出检修计划图，在计划图中标明检修期间的各项作业内容、进度控制点，便于检修的管理。

（3）安全教育

检修安全教育要普及参加检修的所有人员。安全教育的内容包括停车检修规定、动火、动土、高空作业与进入限制空间等作业规定，文明施工等。

（4）安全检查

安全检查包括对检修项目的检查、检修机具的检查、检修人员持证上岗的检查和检修现场的巡回检查等。

三、设备停用及报废管理制度

燃气生产设备停用前必须按规定置换容器内的介质，并采取安全保护措施。停用的设备必须进行安全隔离，隔离措施包括关阀堵盲板等，同时应挂牌警示。停用设备必须进行必要的维护保养，以便今后启用。燃气生产设备的报废必须按规定的报废程序办理，并进行安全处置。处置方法包括置换、清洗、拆除和注销等，重点监控设备（如压力容器）还应向属地质量技术监督部门报告，并办理注销手续。

第六节　消防设施和器材管理制度

消防设施和器材是燃气生产装置安全运行必备的一个条件，必须始终保持完整好用。

燃气生产场所应按国家相关消防技术规范，设置、配备消防设施和器材。消防器材应设置在明显和便于取用的地点，周围不准堆放物品和杂物。消防设施、器材应由专人管理，负责检查、维修保养、更换和添置，保证完好有效。严禁圈占、埋压和挪用。对消防水池、消火栓、灭火器等消防设施、器材，应经常进行检查，保持完整好用。地处寒冷地区的寒冷季节要采取防冻措施。

燃气储存基地应按国家相关技术规范的规定设置可燃气体报警装置及事故报警装置，并且与属地公安消防队设置报警联系电话。站场的安全出口、消防通道、疏散楼梯必须保持畅通，严禁堆放物品。

消防器材要定期送检。灭火器一经开启后，必须进行再充装，每次再充装前或是灭火器（储罐式）出厂 3 年后，则应进行压力试验。

消防给水及消防喷淋系统每周要启动运行一次，每次运行不宜少于 15 min。同时应检查设备运行状况、给水强度以及检查是否存在堵塞现象，发现问题及时处理。

日常巡查时，要检查消防设施、器材状态和完好情况。其检查内容主要包括：消防设备、管道及喷淋系统的完好；消火栓、消防水带及水枪等是否完整好用；消防水源或消防水池的水量是否达标；消防报警系统是否完好、灵敏；灭火器品种是否齐全、数量是否充足、放置位置是否正确、灭火器压力是否正常等。

第七节　应急救援预案定期演练制度

燃气生产单位要根据自身生产实际情况，制定事故应急预案及其定期演练制度，定期组织员工学习和演习。学习内容包括预案内容、燃气相关知识、灭火常识等，从而达到人人了解预案的各个环节，懂灭火、堵漏常识。

定期组织员工训练，学会使用消防设施和器材、堵漏工具等，并且形成应急救援实战能力。

生产单位每年组织事故应急预案演习不应少于 2 次。演习前要制订详细的演习方案，内容包括演习的目的、时间、指挥者、参加人员、演习科目和步骤、注意事项等。演习时，要模拟事故现场和真实灾害情况，进行实战演习，参加人员要严肃认真，行动迅速，准确到位，熟练使用各种设施、器材。演习结束后要组织全体参练人员进行总结点评，指出演习环节存在的问题，并提出改正措施。演习活动要做好现场记录，参练人员要履行签字手续。

应急救援预案每年应进行 1 次审查、修订，并根据人员、组织机构、生产工艺等的变动进行调整、补充和完善。应急救援预案中相关人员的电话号码至少每季度审查和更新 1 次。

第八节　值班管理制度

一、领导干部值班制度

为加强日常、节假日（尤其是重大节日）和特殊时期的安全管理工作，保障人民生命及财产的安全，防止安全事故的发生，燃气生产经营单位必须建立以领导干部为首的生产值班制度。

1. 日常生产值班

指生产班次作业间隔时间，至少应指派一名领导干部进行值班，当值人员必须忠于职守、高度负责，确保生产设备设施的安全。

2. 节假日和特殊时期值班

遇到下列情况之一时，生产经营单位主要负责人、安全生产管理人等主要领导要轮流担任总值班，各生产部门也必须指定领导干部现场值班：

1）法定节假日期间；

2）台风预警信号三号以上期间；

3）暴雨预警黑色信号或暴风雪预警期间；

4）政府部门通知加强值班或发生重大事件期间等。

值班领导必须坚守岗位，不得擅离职守，并保持当值期间通信联络畅通，尽职尽责地完成值班任务。值班人员应认真填写值班记录，并做好交接班工作。值班期间，若遇到燃气泄漏、火灾或生产装置受损等突发事件，值班领导应立即赶赴事发现场，积极组织有关人员采取应急措施，指挥抢险工作，并按事故应急预案程序向上级报告。

二、门卫值班制度

燃气生产装置作业区必须建立24 h连续的门卫值班制度，门卫安全保卫工作必须贯彻“预防为主”的方针，做到人员、时间、责任三落实。

值班人员要坚守岗位、坚持原则、精力集中、认真负责，做到昼夜不离人，不脱岗，门卫值班每班应有两人以上，其中一人为领班。

认真做好值班记录和交接班记录，履行签字手续，接班人员未到位时，当班人员不得离开岗位。值班人员夜间应经常对站区进行巡查，谨防盗窃和破坏；对外来人员在气站内留宿应予劝阻。

遇事应按制度规定处理，遇超越职责范围的问题，应及时向上级报告。

三、交接班制度

交班人要根据当值期间责任区所发生的情况，如实做好记录，向接班人做好移交，并履行签字手续。

交班人在交班前应检查责任区内的设备设施，特别要认真检查重点监控设备是否处于正常工作状态，并填写好工作状态记录。

接班人必须对交班记录进行核实，有疑问的应在交班时询问清楚，确认无误后，接班人应在交班记录上签名。

交接班人应交接确认本班（组）岗位有关资料、报表、材料、工具，并注意环境清洁卫生。

接班人应准时接班，交班人履行完交班手续后，方可离开工作岗位。

第九节　劳动防护用品管理制度

劳动防护用品是指劳动者在劳动过程中，为免遭和减轻事故伤害或职业危害所配备的防护装备。劳动防护用品包括工作服（含防静电服、防毒服、防酸服等）、工作鞋、安全帽、安全带、呼吸器、防毒面具、防护镜、手套、口罩等。

特种劳动防护用品应具备“三证”，即生产许可证、产品合格证、安全鉴定证，特种劳动防护用品必须到国家定点经营单位或生产企业购买，采购部门必须严格把好各类劳动防护用品质量关，严禁使用不合格的劳动防护用品。

劳动防护用品应根据安全生产和防止职业危害的需要，按照工种和劳动条件确定其种类和使用期限。劳动防护用品的发放应严格执行劳动保护相关规定，不得擅自扩大或缩小范围，随意增减内容和数量，不得以货币或其他物品替代应当配备的劳动防护用品。

职工上班应按要求穿戴好劳动防护用品，以免受到伤害，未按规定穿戴劳动防护用品的，不准进入生产工作岗位；特种防护用品（如防毒面具、呼吸器等）的使用人员应经培训、考核，熟悉并掌握其结构、性能、使用和维护保管方法。

公用特种防护用品应置于标准化专用箱内，定点放在安全、便利的地方，且由专人管理，每班检查、交接。未经管理人员许可，不得擅自移动。箱内除防护用品外，不得存放其他物品。公用特种防护用品应保持齐全、好用，且应登记建档。

在有害区域作业，必须按规定穿戴劳动防护用品，并制订应急避险措施。每天施工作业，承包方都应填写安全确认书，并经生产单位安全管理人签字确认，方可进行施工作业。下班时要认真清理施工现场，消除不安全因素，防止事故发生。施工期间，承、发包双方均应指派专人进行安全巡视、检查和监护，发现问题及时解决。施工现场废气、废物的排放必须符合环保和安全规定要求。工程验收必须有安全技术负责人和安全管理人员参加，签字确认方可有效。

第十节　安全技术档案管理制度

一、档案整理

凡记述或反映企业内部安全技术管理、基本建设、更新改造、装置检修、定期检验、使用登记等有价值的文件资料、图纸、图表、图片、声像、电子文档等，均应收集齐全，整理归档。

二、档案分级管理

档案按其重要性分为秘密、机密和一般 3 级。

秘密：企业发展规划纲要、重大项目设计方案、新品开发项目等重要的技术文件和资料。机密：生产与安全技术、基建、扩建、工艺流程等技术资料。一般：一般性技术文件资料。

三、档案归档及查阅

归档的文件材料应按档案管理的要求进行整理、分类、编号、登记、装订，并做到归档齐全，分类准确，查找方便。

企业内部工作人员因工作需要查阅技术档案或复印技术文件，须经主管部门负责人同意，办理相关登记手续，方可查阅或复印。秘密级档案还须报企业主管领导批准，方可借阅或复印。外单位人员查阅技术档案时，必须经企业主管领导批准，并办理借阅手续。

档案原件不准外借，只限室内查阅。确因工作需要时，必须经企业主管领导批准，借期一般不超过一周。未经批准不得私自抄录和复印档案资料。

四、档案保密制度

严格执行档案保密制度，维护档案的完整与安全；非工作人员不得随意进入档案室。

五、档案保存及处理

档案管理必须做到“四防”，即防火、防盗、防潮、防虫害。过期或无效档案的报废、销毁，应由主管部门登记造册，上报企业主管领导批准后，方可销毁。

第十章 消防

第一节 燃 烧

一、燃烧的定义与条件

主要介绍燃烧的定义、燃烧条件、燃烧类型、燃烧方式与特点及燃烧产物等相关内容，是关于火灾机理及燃烧过程等最基础、最本质的知识。

1. 定义

燃烧，是指可燃物质与氧化剂作用发生的放热反应。通常伴有火焰、发光和（或）发烟现象。燃烧过程中，燃烧区的温度较高，使其中白炽的固体粒子和某些不稳定（或受激发）的中间物质分子内电子发生能级跃迁，从而发出各种波长的光；发光的气相燃烧区就是火焰，它是燃烧过程中最明显的标志。由于燃烧不完全等原因，气体产物中会混有微小颗粒，这样就形成了烟。

多数可燃物质的燃烧是在气体状态下进行的，而有的固体物质燃烧时不能成为气态，只发生氧气与固体表面的氧化还原反应。这种发生在固体表面的燃烧称为无焰燃烧，如木炭、焦炭、高熔点的金属等。发生在气体状态下的燃烧称为有焰燃烧，气体、液体只会发生有焰燃烧，容易热解、升华或熔化蒸发的固体主要为有焰燃烧。

2. 条件

燃烧的发生与发展，必须具备 3 个必要条件，即可燃物、助燃物和引火源，它们通常被称为燃烧三要素。

（1）可燃物

能与空气中的氧气或其他氧化剂起化学反应，并形成燃烧的物质，称为可燃物，如木材、氢气、汽油、煤炭、纸张、硫等。按化学组成划分，可燃物可分为无机可燃物和有机可燃物两大类；按所处的状态划分，可燃物又可分为可燃固体、可燃液体和可燃气体三大类。

（2）助燃物

与可燃物结合能导致和支持燃烧的氧化剂，称为助燃物。普通的燃烧在空气中进行，助燃物是空气中的氧气。在一定条件下，不同可燃物在空气中发生燃烧，均有最低氧含量的要求。除氧气外，还有氯气、硝酸铵、过氧化氢助燃物，都可以支持燃烧。

（3）引火源

使物质开始燃烧的外部热源（能源）称为引火源。常见的引火源有明火焰、电弧、电火花、炽热物体、高温加热、化学反应热、雷击等。引发可燃物燃烧的引火源有最低能量的要求，但对于不同可燃物、不同燃烧形式和在不同环境下，各类引火源导致燃烧的最低能量差异较大且难以测量。通常，最小点火能仅针对一定条件下的可燃气体、蒸气和粉尘而言。

燃烧发生时，上述 3 个条件必须同时具备，但要导致燃烧的发生，不仅需要满足三要素共存的条件，而且必须保证可燃物与助燃物混合浓度处于一定范围内。同时，点火能量也必须超过一定值，即三者达到一定量的要求，并且存在相互作用的过程。因此，燃烧发生的充要条件可表述为：具备足够数量或浓度的可燃物；具备足够数量或浓度的助燃物；具备足够能量的引火源。上述三者相互作用。

二、燃烧类型

燃烧是一种复杂的物理、化学交织变化的过程，包括可燃物和氧化剂的混合、扩散过程，预热、着火过程及燃烧、燃尽过程。从燃烧物形态等不同角度，燃烧可以分为不同的类型。

1. 按条件和发生瞬间的特点分类

（1）着火

着火是燃烧的开始，以释放能量并伴有烟或火焰或二者兼有为特征，与是否由外部热源引发无关。着火是日常生活中常见的燃烧现象。可燃物的着火方式一般分为下列两类：

1）点燃：可燃混合气体因受外部点火热源加热，引发局部火焰，并相继发生火焰传播至整个可燃混合物的现象称为点燃或强迫着火。点火热源通常可以是电热线圈、电火花、炽热体和点火火焰等。

2）自燃：可燃物质在没有外部火源的作用时，因受热或自身发热并蓄热所产生的自行着火现象，称为自燃。根据热源的不同，自燃可以进一步分为化学自燃和热自燃。可燃物发生自燃的最低温度称为自燃点。

（2）爆炸

爆炸是指物质由一种状态迅速地转变成另一种状态，并在瞬间以机械功的形式释放出巨大的能量，或是气体、蒸气在瞬间发生剧烈膨胀等现象。爆炸最重要的特征是爆炸点周围发生剧烈的压力突变，这种压力突变就是爆炸产生破坏作用的原因。作为燃烧类型之一的爆炸主要是指化学爆炸。

2. 按燃烧物形态分类

可燃物质受热后，因其聚集状态的不同而发生不同的变化。按燃烧物形态划分，燃烧分为气体燃烧、液体燃烧和固体燃烧。可燃物质的性质、状态不同，燃烧的特点也不同。

（1）气体燃烧

可燃气体的燃烧一般经过受热、分解、氧化等过程，其所需热量仅用于氧化或分解，将气体加热到燃点。因此，相较于固体、液体需要经熔化、蒸发等过程，可燃气体一般更容易燃烧且燃烧速度更快。

1）扩散燃烧：气体的扩散燃烧即可燃气体与氧化剂互相扩散，边混合边燃烧，如家用煤气燃烧。在扩散燃烧中，可燃气体与空气或氧气的混合是靠其他的扩散作用实现的，混合过程要比燃烧反应过程慢得多，燃烧过程处于扩散区域内，整个燃烧速度的快慢由物理混合速度决定。

扩散燃烧的特点：燃烧比较稳定，火焰温度相对较低，扩散火焰不运动，可燃气体与气体氧化剂的混合在可燃气体喷口进行，燃烧过程不发生回火现象。

2）预混燃烧：气体的预混燃烧是指可燃气体预先与空气（或氧气）混合，遇引火源产生带有冲击力的燃烧，如氧乙炔焊。预混燃烧一般发生在封闭体系中或在混合气体向周围扩散的速度远小于燃烧速度的敞开体系中，燃烧放热造成产物体积迅速膨胀，压力升高。火焰在预混气体中传播，存在正常火焰传播和爆轰两种方式。

预混燃烧的特点：燃烧反应快，温度高，火焰传播速度快，反应混合气体不扩散，在可燃混合气体中引入一个火源即产生一个火焰中心，成为热量与化学活性粒子集中源。预混气体从管口喷出发出动力燃烧，若流速大于燃烧速度，则在管口形成稳定的燃烧火焰，燃烧充分，燃烧速度快，燃烧区呈白炽状，如汽灯的燃烧；若可燃混合气体在管口流速小于燃烧速度，则会发生“回火”，例如，燃气系统在使用前不进行吹扫就点火。用气系统产生负压“回火”或漏气未被发现而用火时，往往形成动力燃烧，有可能造成设备损坏和人员伤亡。

（2）液体燃烧

液体燃烧的特点主要体现在其燃烧过程及特殊的燃烧现象。

1）液体燃烧过程：液体可燃物燃烧时，火焰并不紧贴在液面上，而是在空间的某个位置。这表明在燃烧之前，液体可燃物先蒸发形成可燃蒸气，可燃蒸气发生扩散并与空气掺混形成可燃混合气，着火燃烧后在空间某处形成火焰。液体可燃物能否发生燃烧与液体的蒸气压、闪点、沸点和蒸发速率等参数密切相关，燃烧速率的快慢与液体可燃物的燃点和化学活性密切相关。

2）液体燃烧的特殊现象：闪燃，是指可燃性液体挥发出来的蒸气与空气混合达到一定的浓度或者可燃性固体加热到一定温度后，遇明火发生一闪即灭的燃烧。发生闪燃的原因是易燃或可燃液体在闪燃温度下蒸发的速度比较慢，蒸发出来的蒸气仅能维持一刹那的燃烧，来不及补充新的蒸气维持稳定的燃烧，因而一闪就灭。但闪燃却是引起火灾事故的先兆之一。闪点是指易燃或可燃液体表面产生闪燃的最低温度。沸溢是指具有热波特性的油品经一定时间燃烧后，油品中的乳化水、自由水或储罐的水垫层在热波的作用下发生沸腾汽化，形成大量的含有蒸气的泡沫，由容器中溢流出来的现象。常见的油品中，原油、重油、渣油在长时间燃烧后，往往发生沸溢。喷溅是指在热波到达水垫时，水垫的水大量蒸发，蒸气体积迅速膨胀，以至于把水垫上面的液体层抛向空中，向罐外喷射的现象。一般情况下，喷溅发生晚于沸溢。

（3）固体燃烧

根据隔离可燃固体的燃烧方式和燃烧特性，固体燃烧的形式大致可分为4种，即蒸发燃烧、表面燃烧、分解燃烧以及阴燃。

3. 按可燃物与助燃物混合方式分类

按照可燃物与助燃物在燃烧前是否接触、是否充分混合，有焰燃烧可分为扩散燃烧和预混燃烧。

三、燃烧性能参数

不同形态物质的燃烧各有特点，通常根据不同的燃烧类型，用不同的燃烧性能参数分别衡量不同可燃物的燃烧特性。例如，可燃液体火灾危险性主要评价指标是闪点、燃点、爆炸极限等，可燃固体火灾危险性主要评价指标是燃点、热分解温度、氧指数、自燃点等，可燃气体则以自燃点、爆炸极限和最小点火能作为火灾危险性评价指标。这里主要介绍闪点、燃点和爆炸极限。

1. 闪点

（1）定义

闪点是指在规定的试验条件下，可燃性液体或固体表面产生的蒸气在试验火焰作用下发生闪燃的最低温度。

（2）意义

闪点是可燃性液体性质的主要标志，是衡量液体火灾危险性大小的重要参数。闪点越低，火灾危险性越大；反之则越小。闪点与可燃性液体的饱和蒸气压有关，饱和蒸气压越高，闪点越低。在一定条件下，当液体的温度高于其闪点时，液体随时有可能被引火源引燃或发生自燃；若液体的温度低于闪点，则液体不会发生闪燃，更不会着火。

少数可燃固体也会存在闪燃现象。例如，一些熔点较低的固体发生蒸发燃烧的过程，但可燃固体的闪点不易测定。

(3) 应用

如上所述，闪点是判断液体火灾危险性大小及对可燃性液体进行分类的主要依据。可燃性液体的闪点越低，其火灾危险性也越大。例如，汽油的闪点为-50℃，煤油的闪点为38～74℃，显然汽油的火灾危险性比煤油大。根据闪点的高低，可以确定生产、加工、储存可燃性液体场所的火灾危险性类别，即闪点小于28℃的为甲类；闪点不小于28℃，但小于60℃的为乙类；闪点不小于60℃的为丙类。

2. 燃点

(1) 定义

在规定的试验条件下，物质在外部引火源作用下表面起火并持续燃烧一定时间所需的最低温度，称为燃点。

(2) 应用

通常情况下，用燃点作为评定固体火灾危险性大小的主要依据之一。在一定条件下，物质的燃点越低，越容易着火。

3. 爆炸极限

(1) 定义

可燃气体与空气组成的混合气体遇火源能发生爆炸的浓度范围称为爆炸极限。

（2）应用

爆炸极限是评价可燃气体、液体蒸气、粉尘等物质火灾危险性的主要参数之一。一般来说，爆炸极限范围越大或爆炸下限越低，就越容易形成爆炸混合物，可燃物的火灾危险性也就越大。

第二节 火 灾

一、火灾的定义、分类与危害

火灾是灾害的一种，导致火灾发生的原因既有自然因素，又有人为因素。掌握火灾的定义、分类和危害特性，是了解火灾规律和研究如何防范火灾的基础。

1. 定义

火灾是指在时间或空间上失去控制的燃烧。

2. 分类

根据不同的需要，火灾可以按照不同的方式进行分类。

（1）按照燃烧对象的性质分类

按照燃烧对象，火灾可分为 A、B、C、D、E、F 6 类。

A 类火灾：固体物质火灾。通常指的是有机物，如木材、棉、毛、麻、纸张等火灾。

B 类火灾：液体或可熔化固体火灾。例如，汽油、煤油、柴油、沥青和石蜡等火灾。

C 类火灾：气体火灾。例如，煤气、天然气、氢气、乙炔等火灾。

D 类火灾：金属火灾。例如，钾、钠、镁、锂等火灾。

E 类火灾：带电火灾。物体带电燃烧的火灾，如变压器等设备的电气火灾。

F 类火灾：烹饪器具内的烹饪物火灾。例如，动物油脂或植物油脂火灾。

（2）按照火灾事故所造成的灾害程度分类

按照灾害程度，火灾可分为特别重大火灾、重大火灾、较大火灾和一般火灾。

1）特别重大火灾是指造成 30 人以上死亡，或者 100 人以上重伤，或者 1 亿元以上直接经济损失的火灾。

2）重大火灾是指造成 10 人以上 30 人以下死亡，或者 50 人以上 100 人以下重伤，或者 5 000 万元以上 1 亿元以下直接经济损失的火灾。

3）较大火灾是指造成 3 人以上 10 人以下死亡，或者 10 人以上 50 人以下重伤，或者 1 000 万元以上 5 000 万元以下直接经济损失的火灾。

4）一般火灾是指造成 3 人以下死亡，或者 10 人以下重伤，或者 1 000 万元以下直接经济损失的火灾。

上述所称的“以上”包括本数，“以下”不包括本数。

3. 危害特性

（1）危害生命安全

建筑物火灾会对人的生命安全构成严重威胁。建筑物火灾对生命的威胁主要来自以下几个方面：首先，建筑物采用的许多可燃性材料，在起火燃烧时产生高温高热，对人的肌体造成严重伤害，甚至致人休克、死亡。因燃烧热造成人员死亡的数量约占整个火灾死亡人数的 1/4。其次，建筑内可燃材料在燃烧过程中会释放出一氧化碳等有毒烟气，人吸入后会产生呼吸困难、头痛、恶心、神经系统紊乱等症状，严重威胁生命安全。最后，建筑物燃烧，达到甚至超过承重构件的耐火极限，导致建筑整体或部分构件坍塌，造成人员死亡。

（2）造成经济损失

火灾造成的经济损失以建筑火灾为主，体现在以下几个方面：首先，火灾烧毁建筑物内部的财物，破坏设施设备，甚至会因火势蔓延使整幢建筑物化为废墟；其次，建筑物火灾产生的高温高热，将造成建筑结构的破坏，甚至引起建筑物整体倒塌；再次，扑救建筑火灾所用的水、干粉、泡沫等灭火剂，不仅本身是一种资源消耗，而且将使建筑物内的财物遭受水浸、污染等损失；最后，建筑物发生火灾后，建筑修复重建、人员善后安置、生产经营停业等，会造成巨大的间接经济损失。

（3）破坏文明成果

一些历史保护建筑、文化遗址一旦发生火灾，除了上述人员伤亡和经济损失外，还会使大量文物、典籍、古建筑等稀世瑰宝面临烧毁的威胁，这将对人类文明造成无法挽回的损失。

（4）影响社会稳定

当重要的公共建筑、单位发生火灾时，会在很大范围内引起关注，并造成一定程度的负面效应，影响社会稳定。当学校、医院、宾馆等公共场所发生群死群伤，或者涉及粮食、能源、资源等国计民生的重要工业建筑发生火灾时，会在民众中造成心理恐慌，破坏群众的安全感，影响社会稳定。

（5）破坏生态环境

火灾不仅会毁坏财物、造成人员伤亡，还会破坏生态环境。例如，森林火灾一旦发生，会使大量的动物和植物灭绝，环境恶化，气候异常，水土流失，破坏生态平衡。

二、火灾发展及蔓延的机理

1. 蔓延的传热基础

热量传递有3种基本方式，即热传导、热对流和热辐射。建筑火灾中，燃烧物质所放出的热能通常以上述3种方式来传播，并影响火势蔓延和扩大。

（1）热传导

热传导又称导热，属于接触传热，是介质内传递热量而又没有各部分之间相对的宏观位移的一种传热方式。

（2）热对流

热对流又称对流，是指流体各部分之间发生相对位移，冷热流体相互掺混引起热量传递的方式。一般来说，建筑发生火灾过程中，通风孔洞面积越大，热对流的速度越快；通风孔洞所处位置越高，对流速度越快。热对流对初起火灾的发展起重要作用。

（3）热辐射

辐射是物体通过电磁波传递能量的方式。辐射换热是物体间以辐射的方式进行的热量传递。与热传导和热对流不同的是，热辐射在传递能量时不需要互相接触即可进行，所以它是一种非接触传递能量的方式。热辐射是造成建筑室内火灾及建筑之间火灾蔓延的重要形式。

2. 火灾发展阶段

对于火灾而言，通常最初发生在某个部位，然后可能蔓延到相邻部位，最后蔓延至整个建筑物或区域。在不受干预的情况下，火灾发展过程大致可分为初期增长阶段（轰燃前）、充分发展阶段（轰燃后）和衰减阶段。

（1）初期增长阶段

初期增长阶段从出现明火算起。此阶段燃烧面积较小，只局限于着火点附近的可燃物燃烧，仅局部温度较高。此阶段的火灾属于燃料控制性火灾。

（2）充分发展阶段

初期增长阶段持续一定时间后，如果燃料充足，空气较为流通，燃烧就会进一步发展，燃烧范围不断扩大。当温度上升到一定程度时，就会出现燃烧面积和燃烧速率瞬间迅速增大的现象，即轰燃。轰燃的发生也就标志着火灾由初期增长阶段转变为充分发展阶段。

进入充分发展阶段后，会出现大量可燃物同时燃烧，此阶段燃烧的速率主要受控于通风情况，因此该阶段的火灾属于通风控制型火灾。充分发展阶段是火灾最危险的阶段。

（3）衰减阶段

在火灾全面发展阶段的后期，随着可燃物的减少，燃烧速度逐渐放慢。当温度下降到峰值的80%时，火灾进入衰减阶段。最终，燃料耗尽直至熄灭。

3. 火灾蔓延途径

火灾蔓延的主要途径包括水平蔓延和竖向蔓延。

（1）水平蔓延

在建筑物内，由于与火焰直接接触或热辐射作用导致火灾在水平方向蔓延；在建筑物外，由于防火分隔构件直接燃烧或隔热作用失效，烟火从着火建筑物的开口蔓延到其他空间导致火灾在水平方向蔓延。

（2）竖向蔓延

延烧和烟囱效应是造成火灾竖向蔓延的主要原因。

第三节　防火与灭火的基本原理和方法

根据燃烧基础理论，可燃物、助燃物和引火源 3 个条件必须同时具备且相互作用，燃烧才能发生。防火和灭火的基本原理，是基于对燃烧条件理论运用的结果。其中，防火原理在于限制燃烧条件的形成，灭火原理则是破坏已触发的燃烧条件。

一、防火的基本方法

预防火灾发生的基本方法应从限制燃烧的 3 个基本条件入手，并避免它们相互作用。

1. 控制可燃物

在条件允许的情况下，控制可燃物的方法包括：采用难燃、不燃材料；降低可燃物质的数量或浓度；在密闭空间采取全面通风或者局部排风；将可燃物与其他相抵触的物品进行隔离等。

2. 隔绝助燃物

对于易燃物品，可采取与空气隔绝的方法储存。

3. 控制引火源

由于可燃物在生产过程中不可避免，助燃物氧气也存在于空气中，因此防火技术的重点就在于对引火源的控制。控制引火源的方法包括禁止明火、控制温度、使用无火花和静电消除设备、接地防雷等。

二、灭火的基本方法

为防止火势失去控制，继续扩大燃烧而造成灾害，需要采取一定的方法将火扑灭，这些方法的基本原理是破坏燃烧条件。

1. 冷却灭火

在一定条件下，将可燃物的温度降低到着火点以下，燃烧即会停止。对于可燃固体，将其冷却在燃点以下；对于可燃液体，将其冷却在闪点以下。

2. 隔离灭火

将可燃物与氧气、火焰隔离，可以通过将未燃烧的可燃物转移，使其与正在燃烧的可燃物分开或断绝可燃物来源，那么正在燃烧的区域因为无法得到足够的可燃物也就可以逐渐中断燃烧。

3. 窒息灭火

通过隔绝空气或者稀释燃烧区的空气氧含量，可燃物得不到足够的氧气就可以停止燃烧。适用于扑救容易封闭的容器设备、房间、洞室和工艺装置。

4. 化学抑制灭火

通过灭火剂参与燃烧反应，销毁燃烧过程中产生的自由基，形成稳定分子，从而使燃烧终止，达到灭火目的。适用于有焰燃烧的火灾。

第四节　爆　炸

一、分类

爆炸是指在周围介质中瞬间形成高压的化学反应或状态变化，通常伴有强烈放热、发光和声响。爆炸是由物理变化和化学变化引起的。在发生爆炸时，势能突然转化为动能，有高压气体生成或释放出高压气体，这些高压气体随之做机械功，如移动、改变或抛射周围的物体。一旦发生爆炸，将会对邻近的物体产生极大的破坏作用，这是由于构成爆炸体系的高压气体作用到周围物体上，使物体受力不平衡，从而造成破坏。火灾过程有时会发生爆炸，从而对火势的发展及人员安全产生重大影响，爆炸发生后往往又容易引发大面积火灾。

1. 物理爆炸

物质因状态变化导致压力发生突变而形成的爆炸叫作物理爆炸。例如，LNG 储气罐由于天然气快速汽化，容器内压力将会急剧增加，当压力超过设备所能承受的强度时，就会发生爆炸；液化气钢瓶外部受热时，也会使内部压力骤增从而引起爆炸。物理爆炸的特点就是爆炸前后化学成分没有发生改变。物理爆炸本身是没有发生燃烧反应的，但是它产生的冲击力不可小觑，一方面会对周围物品造成损坏，同时可能造成人员伤亡；另一方面巨大的冲击力也可直接或间接造成火灾。

2. 化学爆炸

化学爆炸是指由于物质急剧氧化或分解产生温度、压力增加或者二者同时增加而形成的爆炸现象。化学爆炸前后，物质的化学成分和性质均发生了本质变化。化学爆炸能直接造成火灾，具有很大的火灾危险性。其中，可燃气体爆炸就是一种典型的化学爆炸。

二、典型爆炸危险源

危险源是指一个系统中具有潜在能量和物质释放危险的、可造成人员伤害、在一定触发因素作用下可转化为事故的部位、区域、场所、空间、岗位、设备及其位置。危险源能够转化为事故需具备3个要素：潜在危险性、存在条件和触发因素。爆炸危险源转化为爆炸事故，则需具备介质存在、达到爆炸极限以及具备满足条件的引火源3个要素。

1. 典型爆炸性危险物质

爆炸性气体是燃气中最常见的爆炸危险源，本书主要介绍天然气和液化石油气。

（1）天然气

天然气是气态碳氢化合物，具有可燃性，主要成分是甲烷，还含有少量乙烷、丁烷、戊烷、二氧化碳、一氧化碳和硫化氢等，比空气轻，具有无色、无味、无毒的特性。由于主要成分甲烷的爆炸极限为5%～15%，因此天然气遇火会引起规模不等的爆炸。

（2）液化石油气

液化石油气是从石油加工或石油、天然气开采过程中得来的，其主要成分是丙烷、丙烯、丁烷和丁烯。气态液化石油气比空气重，液化石油气爆炸极限为1.5%～9.5%，与空气混合后易燃易爆。

2. 典型爆炸性危险场所

（1）爆炸性危险物质储存场所

爆炸性危险物质储存场所是指用于储存可燃液体、气体等场所，包括可燃物品储罐、仓库等其他存放点，如LNG储罐、LPG储罐等。这类场所由于所储存的物品具有易爆性，且存储量超过爆炸临界量，一旦管理不善，导致储存物品泄漏、挥发，形成爆炸性混合物，极易引起爆炸事故。

（2）爆炸危险物质传输管道

爆炸性危险物质传输管道是指用于传输可燃液体、气体的压力管道，包括长输管道、公用管道和工业管道。这类场所由于保有超过临界量的可燃、易燃液体或气体介质，且管网长期处于高压状态，一旦发生锈蚀、外力碰撞、收缩变形等情况，极易造成管网破裂、物料泄漏，在局部空间内迅速达到爆炸极限，遇引火源引发爆炸事故。

（3）爆炸危险物质生产场所

爆炸性危险物质生产场所是指在生产过程中，采用易爆物质作原料或工艺流程中产生易爆物质的工业生产场所。这类场所会由于结构设计不合理、零配件选配不当、选材不当或材料质量有问题，导致生产设备不能满足工艺操作要求，或由于违反操作规程、违章作业致使出现设备内超温、超压等现象引发爆炸事故。

第五节　防火防爆措施

火灾爆炸是易燃易爆危险品的典型事故，且危害后果极为严重。防范化解易燃易爆危险品火灾爆炸风险，必须贯彻“预防为主、防消结合”的消防工作方针。

一、易燃易爆危险品

1. 火灾防控

1）控制、降低火灾荷载，限制火灾燃烧基础条件。

2）控制、限制可燃物与助燃物混合、混触，破坏引发火灾条件。

3）控制引火源，限制外界激发能量释放。

4）切断、隔离火灾蔓延途径，将火灾控制在有限空间内。

5）合理规划布局易燃易爆危险品生产、储存和经营场所。

6）采取主动防控措施，防止、减少高温、烟气对人员、建筑和工业装置的损坏。

7）配备消防器材、组织训练消防力量，有效处置初期火灾。

2. 爆炸防控

易燃易爆危险品的火灾与爆炸通常是相伴相生的，火灾控制、处置不当即会升级为爆炸，爆炸发生后会产生长时间的猛烈燃烧。因此，除了采取上文的火灾防控措施外，还应增加以下措施：

1）防止、限制易燃气体爆炸性混合物产生，防止或者限制爆炸物的爆炸条件、易燃气体分解爆炸条件形成。

2）检测、监控爆炸相关参数指标，准确预警报警、联动控制，降低爆炸风险。

3）爆炸预警、报警后，及时泄放压力。

4）火灾发生后，防止、控制燃烧条件转化形成爆炸条件。

5）切断爆炸传播途径，防止爆破、二次爆炸及其他次生灾害发生。

6）防范、减弱爆炸产生的高温、有毒气体、高压、冲击波等对人员、设备和建筑的伤害、损坏。

二、建筑

易燃易爆危险品生产、储存和经营等建筑设计要根据燃烧与爆炸的机理、危害后果及其影响因素统筹考虑，并应符合下列基本要求：

1）根据生产中使用或产生的、仓库建筑中储存的易燃易爆危险品性质及其数量等因素合理确定生产、储存的火灾危险性等级，并统筹考虑自身及其相邻企业或设施的危险性特点、分类分级，以及地形地势、常年主导风向等条件，合理选址、科学布局，设置必要的安全距离。

2）根据建筑火灾危险性等级的不同，从防火间距、耐火等级、容许层数、防火防爆结构、安全疏散、建筑消防设施等方面，提出预防控制火灾、爆炸的要求和措施。

三、工艺

在化工生产作业中，爆炸的压力和火灾的蔓延不仅会使生产设备遭受损失，而且会使建筑物损坏甚至致人死亡。防止爆炸的一般原则：一是控制混合气体中的可燃物含量处在爆炸极限以外；二是使用惰性气体取代空气；三是使氧气浓度处于其极限值以下。在生产过程中常采用的措施主要有设备密闭、厂房通风、惰性介质保护、不燃溶剂替代可燃溶剂等。同时通过采用阻火隔爆装置和防爆泄压装置，防止火灾爆炸的发生，阻止其扩展和减少破坏。

四、储存

易燃易爆危险品的库房耐火等级一般不低于二级。库房内保持干燥、通风和避光，并安装避雷装置；库房内可能散发可燃气体的场所需安装可燃气体检测报警装置。远离火源、热源、电源及产生火花的环境。

五、电气

易燃易爆危险品生产、储存、经营场所中存在电引火源引发火灾爆炸的风险，尤其是在具有爆炸危险的场所，采取必要的电气防火防爆措施是防控火灾爆炸事故的有效手段。具体如下：

1）爆炸危险场所内的电气设备和线路必须符合周围环境内化学、机械、热等不同环境条件对电气设备的要求。

2）爆炸危险场所内的电气设备和线路，特别是正常运行时能产生火花的设备应当布置在非爆炸危险场所或者爆炸危险性较小的地方；用电设备控制按钮应当安装在危险场所外，并与分隔墙上的门联锁，门关闭后用电设备才能启动。

3）爆炸危险场所内的电气设备和线路，均需装设过载、短路和接地保护。

六、灭火方法及灭火剂选择

灭火的基本原理就是破坏已经形成的燃烧条件，已经点燃的可燃物与助燃物，以及未受抑制的链式反应，只要破坏其中一个条件，燃烧就会停止。扑救易燃易爆危险品火灾，因易燃易爆危险品的种类不同，其灭火方法和适用的灭火剂也有所不同。

1. 灭火剂分类

不同的灭火剂，其灭火机理、灭火效能不同。常见的灭火剂主要包括水系灭火剂、泡沫灭火剂、干粉灭火剂和气体灭火剂等。

（1）水系灭火剂

水的灭火机理主要是冷却、乳化、窒息和稀释。直流水还有水力冲击作用，增加了润湿剂的水系灭火剂还有很强的渗透性、弥散作用以利于固体深位火、自燃火不复燃。适用于扑救 A 类、B 类和 C 类火灾。

（2）泡沫灭火剂

泡沫的灭火机理主要是冷却、乳化、窒息和隔离。其中，氟蛋白泡沫灭火剂具有更强的封闭隔离作用；水成膜泡沫灭火剂通过水膜和泡沫的双重作用提升灭火效能；抗溶性泡沫灭火剂可以有效控制泡沫失水破裂的情况，从而提升灭火效能；高倍数泡沫灭火剂具有较强的冷却、隔离和窒息的作用。适用于扑救 A 类和 B 类火灾。

（3）干粉灭火剂

干粉的灭火机理主要是冷却、窒息和化学抑制。按照灭火性能分为 B 类 C 类干粉灭火剂、A 类 B 类 C 类干粉灭火剂和 D 类干粉灭火剂。

（4）气体灭火剂

气体的灭火机理主要是冷却、窒息和化学抑制。气体灭火剂包括七氟丙烷、二氧化碳和惰性气体灭火剂等。

2. 灭火剂的选择

易燃易爆危险品火灾因其危险品种类不同、化学性质不同、燃烧特点不同，需要根据危险品的性质、数量、燃烧特点及其火场的环境条件等，选择合适的灭火剂，采用一种或者几种灭火方法组合实施灭火。

（1）爆炸物火灾

爆炸物火灾或者爆炸后发生火灾，可以采用大量的水进行灭火，撞击、摩擦敏感度较高的爆炸性物质采用雾化水灭火，一些爆炸性物质可采用泡沫灭火剂灭火。

（2）易燃气体火灾

易燃气体火灾可选用雾化水、气体灭火剂、干粉灭火剂灭火，易燃气体储罐可采用大量的水冷却控火，有的易燃气体可采用泡沫灭火剂灭火。

（3）易燃液体火灾

易燃液体火灾主要选用泡沫灭火剂和干粉灭火剂灭火，有时二者联动灭火效果更好，也可以选用气体灭火剂灭火。

（4）易燃固体火灾

易燃固体火灾主要采用水、A 类泡沫灭火剂、干粉灭火剂和气体灭火剂灭火。当易燃固体中存在遇湿、与水反应的物质时，禁止使用水和泡沫灭火剂灭火。

（5）遇水放出易燃气体的物质火灾

遇水放出易燃气体的物质火灾可根据物质化学性质，选用二氧化碳、惰性气体、干粉和沙土等灭火剂；固体物质火灾可根据物质化学性质选用干粉灭火剂、沙土灭火剂，有的还可以使用二氧化碳、惰性气体等灭火剂；轻金属、碱金属及其合金选用金属干粉灭火剂、沙土灭火剂。

（6）易于自燃的物质火灾

易于自燃液体火灾主要采用干粉灭火剂灭火，当燃烧面积较大时采用沙土灭火剂。禁止采用水、泡沫灭火剂。易于自燃固体火灾根据其性质可以采用雾化水、泡沫灭火剂、沙土灭火剂，有时也可采用二氧化碳和惰性气体灭火剂。

（7）氧化性物质火灾

金属过氧化物等物质可采用干粉灭火剂、沙土灭火剂；禁止采用水和泡沫灭火剂；其他氧化性物质可选用雾化水、水、沙土灭火剂。

（8）有机过氧化物火灾

有机过氧化物火灾根据物质化学性质，主要选择泡沫灭火剂、二氧化碳、惰性气体、雾化水和沙土灭火剂。

第六节　消防管理与消防法规

一、消防管理

当前社会的各类灾害中，火灾是最为严重的一种灾害。因此做好消防工作，已成为社会性的共同话题，同时也是企业生存发展的客观需要。任何单位都必须从消防管理入手，建立健全消防管理组织，明确消防管理人员职责，建立各项消防管理规章制度，掌握消防管理的基本方法，切实做好消防安全工作。

1. 工作方针、原则和任务

（1）消防工作方针

《中华人民共和国消防法》（以下简称《消防法》）第二条规定：消防工作贯彻“预防为主、防消结合”的方针。

预防为主是指在同火灾做斗争中，必须把预防火灾的工作放在首位，从思想上、组织上、制度上及物资保障上采取各种积极措施。例如，采取各种形式广泛深入地开展消防安全宣传教育，层层建立防火安全责任制，制订应急预案和各项防火安全管理规章制度，经常开展防火安全检查，发现和整改火灾隐患等，努力做到预防为主，防止火灾的发生，从根本上避免和减轻火灾的危害。

防消结合是指同火灾做斗争的两个基本手段——预防和扑救两者必须有机地结合起来，也就是在积极做好预防火灾工作的同时，在人力、物力、技术上积极做好灭火的充分准备，加强企业专职或义务消防队伍的建设，配备足够的消防器材、装备，加强预案演练和灭火训练，做好备战执勤，常备不懈。一旦发生火灾，能迅速扑灭火灾，把火灾危害降至最低限度。

（2）消防工作原则

“安全第一”的原则就是当生产和安全发生矛盾时，应当把安全放在首位。

“属地管理为主”的原则是指无论什么企业单位，其消防安全工作均由其所在地的政府为主领导，并接受所在地公安消防机关的监督。《消防法》和国务院批转的《消防改革与发展纲要》规定，除军事设施、核设施、国有森林、地下矿井、远洋船舶和铁路运营建设系统、民航系统的消防工作分别由军事机关和其主管部门负责外，其他方面的消防工作统一以当地政府为主负责。

“谁主管，谁负责”的原则就是谁抓哪项工作，谁就应对哪项工作负责。对于消防工作而言，就是谁是单位的法定代表人，谁就应对本单位的消防安全负责；法定代表人授权某项工作的领导人，要对自己主管内的消防安全负责；各车间、班组负责人以至于每个职工，都要对自己管辖工作范围内的消防安全负责。

（3）消防工作任务

消防工作总任务就是《消防法》第一条明确提出的“为了预防火灾和减少火灾危害，加强应急救援工作，保护人身、财产安全，维护公共安全”。

2. 消防管理职责

（1）消防安全主管部门的职责

燃气企业的消防、技术安全或保卫部门是企业消防安全工作主管部门。其基本职责是：

1）负责消防法规、规范、规章制度、办法的督促实施。

2）收集和整理消防安全管理信息，为领导作出消防安全决策提供可靠的依据，当好领导的参谋。

3）根据本单位的火灾特点，做好消防器材的配备、维修保养和管理工作，保证时刻处于完好状态。

4）进行消防安全宣传教育，开展检查，纠正违章操作，督促整改火灾隐患。

5）负责编制消防工作计划，修改消防规章制度和岗位责任制，检查考评逐级防火责任制的落实情况。

6）负责制订重点工种人员档案和重点要害部位灭火预案，组织和指导本单位专职或义务消防队开展消防业务训练。

7）参加火灾事故的调查处理工作。

8）经常与当地公安消防机构联系，交流工作情况。

（2）消防队的职责

根据《企事业单位专职消防队组织条例》，燃气企业必须组建专职或义务消防队。其基本职责是：

1）认真学习和贯彻执行国家与当地政府的消防法规以及本单位的规章制度，实施本单位防火工作计划。

2）定期进行消防业务训练和灭火演练，负责本单位消防器材的维护保养和管理工作，保证消防器材完整好用。

3）开展防火宣传，制止和劝阻违反消防安全规章制度的行为。

4）在节假日和火灾多发季节值班巡逻进行防火检查，积极整改火灾隐患，防止火灾发生。

5）保护火灾现场，协助调查火灾原因。

6）熟悉本单位生产过程中的危险性、消防设施、消防预案及火灾扑救方法，定期分析本单位消防工作形势，查找问题，改善消防设施条件。

7）及时报警，积极参加火灾扑救。

二、消防法规

1. 作用

消防法规作为调整人们消防行为的社会规范，具有指引、评价、教育、预测和强制作用。

2. 分类

消防法规按其所调整的对象、适用范围和作用可分为消防基本法、消防行政法规和消防技术法规。

（1）消防基本法

由国家最高立法机关批准，由国家最高行政机关颁发实施。1998 年 4 月 29 日，第九届人大常委会第二次会议通过的《消防法》就是我国现行的消防基本法。

（2）消防行政法规

通常是由各级地方人民政府或主管部门根据消防基本法规制定颁发的，如公安部颁发的《仓库防火安全管理规则》等。

（3）消防技术法规

它具有很强的专业性和技术性，是针对不同行业、不同专业特点而制定的，是人们在技术领域内保证消防安全的标准和依据，如《建筑设计防火规范》等。

3. 基本原则

1）坚持依法办事。

2）按消防法规的要求进行严格监督。

3）坚持谨慎行事。

4）坚持以事实为依据、以法律为准绳。

5）消防执法与违法责任相当。

4. 违法行为和法律制裁

消防违法是指一切不符合现行消防法规要求的、对社会有危害、有过错的消防违法活动。通常将违法分为一般违法和严重违法两种情况。严重违法是指触犯刑律，要受到法律惩罚的行为。

5. 实施消防法规的手段

消防监督部门执法的主要手段有以下几种：

1）填写消防安全检查记录卡。

2）通知整改火险隐患。

3）通知停止施工和使用。

4）责令停产停业。

5）查封。

6）吊扣证件。

第七节 消防设施与管理

消防设施是依照国家、行业或者地方消防技术标准的要求，在建（构）筑物和堆场中设置的用于火灾报警、灭火、人员疏散、防火分隔、灭火救援行动等防范和扑救火灾的设备设施的总称。

一、作用及分类

建筑消防设施的设计、安装以国家有关消防法律法规和工程建设消防技术标准为依据，由于建筑消防安全包括防火、灭火、疏散、救援等多个方面，因此建筑消防设施也有与之相匹配的多种类别与功能。

1. 作用

不同建筑根据其使用性质、体积、高度、耐火极限和火灾危险性，需要配置相应类别、功能的建筑消防设施作为保障。建筑消防设施的主要作用是及时发现和扑救火灾，限制火灾蔓延的范围，为有效扑救火灾和人员疏散创造有利条件，从而减少由于火灾造成的财产损失和人员伤亡。具体作用包括防火分隔、火灾自动报警、可燃气体火灾监控、防烟与排烟、应急照明以及安全疏散等。

2. 分类

建筑消防设施是保证消防安全和人员疏散安全的重要设施，是现代建筑的重要组成部分。按照其使用功能不同进行划分，常用的建筑消防设施包括建筑防火分隔设施、安全疏散设施、消防给水设施、防烟和排烟设施、消防供配电设施、火灾自动报警系统、自动喷水灭火系统、水喷雾灭火系统、细水雾灭火系统、自动跟踪定位射流灭火系统、泡沫灭火系统、气体灭火系统、干粉灭火系统、消防通信设施和移动式灭火器材。

二、消防给水设施

消防给水系统是由消防水源、消防给水管网与消火栓、消防水泵、高位消防水箱、稳压设施以及消防水泵接合器等设施组成，是为各类水灭火系统给水的基础设施。本书重点介绍消防水源、消防给水管网、消火栓以及消防水泵。

1. 消防水源

消防水源是消防给水系统及水灭火设施实施火灾扑救的基本保

证，因此其应满足水灭火设施的功能要求，消防水源可采用天然水源、市政给水或消防水池等，并宜采用市政给水。当利用天然水源（地下水或地表水）作消防水源时，应确保枯水期最低水位时消防用水的可靠性，且应设置可靠的取水设施。同时，要求地表水或地下水均不能被可燃、易燃液体污染。用于自动喷水、喷雾灭火水系统，应经净化处理，防止地表水泥沙等堵塞喷头。除此之外，雨水清水池、中水清水池、水景和游泳池可作为备用消防水源，当作为消防水源时，应有保证在任何情况下均能满足消防给水系统所需的水量和水质的技术措施。严寒、寒冷等冬季结冰地区的消防水池、水塔和高位消防水池等应采取防冻措施。

（1）天然水源要求

1）设计枯水流量保证率。天然水源应根据城乡规模和工业项目的重要性、火灾危险性和经济合理性等因素综合确定，宜为90%～97%。

2）井下等地下水水源可作为消防水源。其最不利水位应满足水泵的吸水要求，其最小出水量和水泵扬程应满足消防要求，且需要两路消防供水时，水井不应少于两眼。

3）当地表水作为消防水源时，应采取确保消防车、固定和移动消防水泵在枯水位取水的技术措施；当消防车取水时，最大吸水高度不应超过6 m。

4）设有消防车取水口的天然水源，应设置消防车到达取水口的消防车道和消防车回车场或回车道。

（2）市政给水的要求

当市政给水管网连接供水时，消防给水系统可采用市政给水管网直接供水。对于用作两路消防供水的市政给水管网，应满足市政给水厂应至少两条输水干管向市政给水管网输水，市政给水管网应作为环状管网且应至少有两条不同的市政给水干管上不少于两条引入管向消防给水系统供水。

（3）消防水池的要求

1）当生产、生活用水量达到最大，市政给水管网或入户引入管不能满足室内、室外消防给水设计流量；当采用一路消防供水或只有一条入户引入管，且室外消火栓设计流量大于 20 L/s 或建筑高度大于 50 m；市政消防给水设计流量小于建筑室内外消防给水设计流量时，应设置消防水池。

2）消防水池的容量应按火灾连续时间 6 h 所需最大消防用水量计算确定。当储罐总容积小于或等于 220 m^3 时，且单罐容积小于或等于 50 m^3 的储罐或储罐区，其消防水池的容量可按火灾连续时间 3 h 所需最大消防用水量计算确定。当火灾情况下能保证向消防水池连续补水时，其容量可减去火灾延续时间内的补充水量。

3）消防水池的总蓄水有效容积大于 500 m^3 时，宜设两格能独立使用的消防水池；当大于 1 000 m^3 时，应设置能独立使用的两座消防水池。每格或每座消防水池应设置独立的出水管，并应设置满足最低有效水位的连通管，且其管径应能满足消防给水设计流量的要求。

4）消防水池进水管应根据消防水池有效容积和补水时间确定，补水时间不宜大于 48 h，但当消防水池有效总容积大于 2 000 m^3 时，补水时间不应大于 96 h，消防水池进水管管径应经过计算确定，且不应小于 DN 100。

5）对于消防水池，当消防用水与其他用水合用时，应有保证消防用水不作他用的技术措施。

6）消防水池应设置就地水位显示装置，并应在消防控制中心或值班室等地点设置显示消防水池水位的装置，同时应有最高和最低报警水位。

7）储存室外消防用水或供消防车取水的消防水池，应设供消防车取水的取水口或取水井，吸水高度不应大于 6 m；取水口或取水井与被保护建筑物的外墙距离不宜小于 15 m，与甲、乙、丙类液体储罐的距离不宜小于 40 m，与液化石油气储罐的距离不宜小于 60 m。

对于 LNG 气化站，还应满足以下要求：

消防水池的容量应按火灾连续时间 6 h 计算确定。但总容积小于 220 m^3 且单罐容积小于或等于 50 m^3 的储罐或储罐区，消防水池的容量应按火灾连续时间 3 h 计算确定。当火灾情况下能保证连续向消防水池补水时，其容量可减去火灾连续时间内的补水量。

2. 消防给水管网

（1）室外消防给水管网

1）室外消防给水采用两路消防供水时，应布置成环状管网，以保证消防用水的安全。但当采用一路消防供水时，也可布置成枝状。

2）为确保环状给水管网的水源，要求向环状管网输水管不应少于两条，当其中一条发生故障时，其余的输水管仍能通过消防用水总量。

3）消防给水管道应采用阀门分成若干独立段，每段之间的管段上消火栓的数量不宜超过 5 个。

4）管道的直径应根据流量、流速和压力要求经计算确定，但不应小于 DN 100，有条件的不应小于 DN 150。

（2）室内消防给水管网

室内消防给水管网是室内消火栓给水系统的重要组成部分，为确保供水安全可靠，应符合以下规定：

1）室内消火栓系统应布置成环状，当室外消火栓设计流量不大于 20 L/s，且室内消火栓不超过 10 个时，可布置成枝状。

2）当由室外生产、生活、消防合用系统直接供水时，合用系统除应满足室外消防给水设计流量以及生产和生活最大小时设计流量的要求外，还应满足室内消防给水系统的设计流量和压力要求。

3）室内消防管道管径应根据系统设计流量、流速和压力要求经计算确定；室内消火栓竖管管径应根据竖管最低流量经计算确定，但不应小于 DN 100。

4）室内消火栓竖管应保证检修管道时关闭停用的竖管不超过 1 根，当竖管超过 4 根时，可关闭不相邻的 2 根。

5）每根竖管与供水横干管相接处应设置阀门。

6）室内消火栓给水管网宜与自动喷水等其他水灭火系统的管网分开布置；当合用消防水泵时，供水管路沿水流方向应在报警阀前分开设置。

7）消防给水管道的设计流速不宜大于 2.5 m/s，消防管道的给水流速不应大于 7 m/s。

3. 消火栓

消火栓按照设置场所的不同，可分为市政消火栓、室外消火栓和室内消火栓。

（1）市政消火栓

1）市政消火栓分为地下式和地上式两种。通常宜选用地上式消火栓；在严寒、寒冷等冬季结冰地区宜采用干式地上式消火栓。当采用地下式消火栓时，消火栓井的直径不宜小于 1.5 m，且当地下式消火栓的取水口位于冰冻线以上时，应采取保温措施。地下式市政消火栓应有明显的永久性标志。

2）市政消火栓宜采用直径 DN 150；地下式消火栓应有一个直径 100 mm 和 65 mm 的栓口，地上式消火栓应有一个直径为 150 mm 或 100 mm 和两个直径为 65 mm 的栓口。

3）市政消火栓宜在道路的一侧设置，并宜靠近十字路口，但当市政道路宽度超过 60 m 时，应在道路两侧交叉错落设置市政消火栓。市政消火栓的保护半径不应超过 150 m，间距不应大于 120 m。

4）市政消火栓应布置在消防车易接近的人行道和绿地等地点，且不应妨碍交通，应避免设置在机械易撞击的地点，确有困难时，应采取防撞措施。距路边不宜小于 0.5 m，并不应大于 2.0 m，距建筑外墙或外墙边缘不宜小于 5.0 m。

5）严寒地区在城市主要干道上设置消防水鹤的布置间距宜为 1 000 m，连接消防水鹤的市政给水管的管径不宜小于 DN200，发生火灾时消防水鹤的出流量不宜低于 30 L/s，且供水压力从地面算起不应小于 0.1 MPa。

（2）室外消火栓

1）室外消火栓的数量应根据室外消火栓设计流量和保护半径经计算确定，保护半径不应大于 150 m，每个消火栓的用水量按照 10～15 L/s 计算。对于高层建筑物，当市政消火栓距被保护建筑物不大于 40 m 时，在该范围内的市政消火栓可计入建筑物室外消火栓的数量；对于低层建筑物，在市政消火栓保护半径 150 m 以内，如消防用水量不大于 15 L/s 时，该建筑物可不设室外消火栓。

2）当工艺装置区、罐区等构筑物的面积较大或高度较高，室外消火栓的充实水柱无法完全覆盖时，宜在适当部位设置室外固定消防炮。

3）室外消火栓宜沿建筑周围均匀布置，且不宜集中布置在建筑一侧；建筑消防扑救面一侧的室外消火栓数量不宜少于 2 个。

4）LNG 气化站储罐区的室外消火栓，应设在防火堤或防护墙外，数量应根据每个罐的设计流量经计算确定，但距罐壁 15 m 范围内的消火栓，不应计算在该罐可使用的数量内。

5）LNG 气化站工艺装置区的室外消火栓，数量应根据设计流量经计算确定，且间距不应大于 60 m。当工艺装置区宽度大于 120 m 时，宜在该装置区内的路边设置室外消火栓。

6）停车场的室外消火栓宜沿停车场周边设置，与最近一排汽车的距离不宜小于 7 m。

（3）室内消火栓

室内消火栓选型应根据使用者、火灾危险性、火灾类型和不同灭火功能等因素综合确定。其设置应符合下列要求：

1）应采用 DN65 的室内消火栓；其布置应满足同一平面内有 2 支消防水枪的 2 股充实水柱同时到达任何部位的要求。对于建筑高度小于或等于 24 m 且体积小于或等于 5 000 m^3 的仓库、建筑高度小于或等于 54 m 且每单元设置一部疏散楼梯的住宅，可采用 1 支消防水枪的 1 股充实水柱到达室内任何部位。

2）室内消火栓应设置在楼梯间及其休息平台和前室、走道等明显易于取用以及便于火灾扑救的位置。

3）室内消火栓距离地面高度宜为 1.1 m；其出水方向应便于消防水带的敷设，并宜与设置消火栓的墙面成 90°或向下。

4）室内消火栓的布置间距，对于消火栓按 2 支消防水枪的 2 股充实水柱布置的建筑物，消火栓的布置间距不应大于 30 m；对于消火栓按 1 支消防水枪的 1 股充实水柱布置的建筑物，消火栓的布置间距不应大于 50 m。

4. 消防水泵

消防水泵作为消防给水设施中的重要组成部分，通常安装在消防水泵房内，因此对消防泵房和消防水泵分别予以说明。

（1）消防泵房

消防泵房的设计应符合现行国家标准《建筑设计防火规范》（GB 50016）的有关规定。

1）燃气站场在同一时间内的火灾次数应按一次考虑，其消防用水量应按储罐区一次最大小时消防用水量确定。

2）储罐区消防用水量应按其储罐固定喷淋装置和水枪用水量之

和计算，其冷却供水强度不应小于 0.15 L/（s·m^2）。对于总容积超过 50 m^3 或单罐容积超过 20 m^3 的 LNG 储罐或储罐区应设置固定喷淋装置。着火储罐的保护面积按其全表面积计算，距着火储罐直径（卧式储罐按其直径和长度之和的一半）1.5 倍范围内（范围的计算应以储罐的最外侧为准）的储罐按其表面积的一半计算。

3）消防泵房可与给水泵房合建，如在技术上可能，消防水泵可兼作给水泵。

4）消防泵房的位置、给水管道的布置要综合考虑，以保证启泵后 5 min 内，将消防水送到任何一个着火点。

5）消防泵房的位置宜设在罐区全年最小频率风向的上风侧，其地坪宜高于罐区地坪标高，并应避开储罐发生火灾所波及的部位。

6）消防泵房应采用耐火等级不低于二级的建筑，并应设直通室外的出口。

7）消防泵房应设双电源或双回路供电，如有困难，可采用内燃机作备用动力。

8）消防泵房应设置对外联系的通信设施。

（2）消防水泵

1）消防水泵的性能应满足消防给水系统所需流量和压力的要求。

2）消防水泵所配驱动器的功率应满足所选水泵流量扬程性能曲线上任何一点运行所需功率的要求。

3）流量扬程性能曲线应为无驼峰、无拐点的光滑曲线，零流量时的压力不应大于设计工作压力的 140%，且宜大于设计工作压力的 120%。

4）当出口流量为设计流量的 150%时，其出口压力不应低于设计工作压力的 65%。

5）一组消防水泵的吸水管不应少于两条，当其中一条损坏或检修时，其余吸水管应仍能通过全部消防给水设计流量。

6）吸水管直径小于 DN 250 时，其流速宜为 1.0～1.2 m/s；直径大于 DN 250 时，其流速宜为 1.2～1.6 m/s。

7）一组消防水泵应设不少于两条的输水干管与消防给水环状管网连接，当其中一条输水管检修时，其余输水管应仍能供应全部消防给水设计流量。

8）出水管直径小于 DN 250 时，其流速宜为 1.5～2.0 m/s；直径大于 DN 250 时，其流速宜为 2.0～2.5 m/s。

9）消防水泵应能手动启停和自动启动，且应确保从接到启泵信号到水泵正常运转的自动启动时间不应大于 2 min。消防水泵控制柜设置在专用消防水泵控制室时，其防护等级不应低于 IP30；与消防水泵设置在同一空间时，其防护等级不应低于 IP55。

三、消防给水设施的管理

1. 消防平面图

为了有效发挥消防给水设施的作用，便于管理消防设施，应绘制消防平面图。消防平面图是燃气站场消防水源分布、消防设备与管道设施布置、消防疏散通道的平面示意图。它是消防人员熟悉和掌握水源与现场消防设施的重要资料。消防平面图应标出：

1）消防水源位置。包括给水管网的管径、水压情况、消防水池位置、取水设施、容量及取水方式等。

2）室内外消火栓的位置和类型。

3）消防给水管网的阀门布置。

4）可通消防车的交通路线（标出双行道、单行道以及路面情况）。

5）单位内及邻近单位消防队的位置和消防车的类型与数量。

6）消防重点保护部位的位置、性质和名称。

7）常年主导风向和方位。

2. 消防给水设施的维护保养和检查

1）消防水泵及给水系统（包括喷淋系统）要定期启动运行，以保持设备设施完好，随时可投入使用。

2）消防给水管道系统平时要处于带压工作状态，以备突发事件时，及时供水，防范事故并减少事故损失。

3）每月或重大节日前，必须对消防设施进行一次检查，发现设施损坏要及时更换新件。

4）消防设施要定期进行维护保养。其主要内容有：

① 水泵要定期换油、加油；水封密封盘根要定期更换；电机要定期进行试验。

② 定期检查泵体运行时是否有噪声或振动，发现异常，立即停车检修。

③ 给水管道要定期试压，发现管道、阀门破损或泄漏，要及时修复。

④ 消火栓要定期打开，检查供水情况，放掉锈水后再关紧，观察有无漏水现象；清除阀塞启闭杆周围的杂物，将专用扳手套在杆头，检查是否合适，转动是否自如，并加注润滑油。

⑤ 检查水喷雾头和水枪，发现堵塞要及时清理。

第八节　灭火器

灭火器是一种轻便的灭火工具，它是由筒体、器头、喷嘴等部件组成，借助驱动压力可将所充装的灭火剂喷出，达到灭火目的。灭火器结构简单，操作方便，使用广泛，是扑救各类初起火灾的重要消防器材。

一、分类与标识

灭火器的种类较多，按移动方式可分为手提式和推车式；按驱动灭火剂的动力来源可分为储气瓶式和储压式；按所充装的灭火剂可分为水基型、干粉、二氧化碳和洁净气体灭火器；按灭火类型可分为A类、B类、C类、D类和E类灭火器等。

各类灭火器一般都有特定的型号与标识，它是由类、组、特征代号及主要参数几部分组成。类、组、特征代号用大写汉语拼音字母表示，一般编在型号首位，是灭火器本身的代号，通常用“M”表示。灭火剂代号编在型号第二位：F——干粉灭火剂；T——二氧化碳灭火剂；Y——1211灭火剂；Q——清水灭火剂。型式号编在型号中的第三位：S——手提式；T——推车式；Y——鸭嘴式；Z——舟车式；B——背负式。型号最后的阿拉伯数字代表灭火剂的重量或容积，单位通常是kg或L。例如，“MF/ABC2”表示2 kgABC干粉灭火器；“MFT50”表示50 kg推车式干粉灭火器。

1. 水基型灭火器

水基型灭火器是指内部充入的灭火剂是以水为基础的灭火器，一般由水、氟碳表面活性剂、碳氢表面活性剂、阻燃剂、稳定剂等组成，以氮气（或二氧化碳）为驱动气体，是一种高效的灭火剂。常用的水基型灭火器有清水灭火器、水基型泡沫灭火器和水基型水雾灭火器3种。

（1）清水灭火器

清水灭火器是指筒体内充装的是清洁水，以氮气（或二氧化碳）为驱动气体的灭火器。一般有6 L和9 L两种规格。适用于扑救固体火灾，如木材、棉麻、纺织品等，不适合扑救油类、电气、轻金属以及可燃气体火灾。有效喷水时间为1 min。

（2）水基型泡沫灭火器

水基型泡沫灭火器内部装有 AFFF 水成膜泡沫灭火剂和氮气，靠泡沫和水膜的双重作用迅速有效灭火。适用于扑救可燃固体、液体的初起火灾，也可用于扑救石油及石油产品等非水溶性物质的火灾。

（3）水基型水雾灭火器

水基型水雾灭火器是我国 2008 年开始推广的新型水雾灭火器，具有绿色环保、高效阻燃、抗复燃性强、灭火速度快、渗透性强等特点。主要配置在可燃物体的场所，如商场、饭店、写字楼、学校、旅游、娱乐场所、橡胶厂等。

2. 干粉灭火器

干粉灭火器是利用氮气作为驱动动力，将筒内的干粉喷出灭火的灭火器。干粉灭火器在消防中得到广泛应用，除了扑救金属火灾的专用干粉化学灭火剂外，干粉灭火剂一般分为 BC 干粉灭火剂和 ABC 干粉灭火剂两大类。适用于扑救一般可燃固体火灾，还可以扑救油气等燃烧引起的火灾。

3. 二氧化碳灭火器

二氧化碳灭火器容器内充装二氧化碳气体，靠自身的压力驱动喷出灭火。二氧化碳是一种不可燃烧的惰性气体。它主要依靠窒息和冷却两大作用来进行灭火。二氧化碳灭火器具有流动性好、喷射率高、不腐蚀容器和不易变质等优良性能，用来扑灭图书、档案、贵重设备、精密仪器、600 V 以下电气设备及油类的初起火灾。

4. 洁净气体灭火器

洁净气体灭火器是将洁净气体灭火剂直接加压充装在容器中，使用时，灭火剂从灭火器中排出形成气雾状射流射向燃烧物，通过一系列物理化学反应，中断燃烧，从而达到灭火目的。洁净气体灭火器适用于扑救可燃液体、可燃气体和可融化的固体物质以及带电设备的初起火灾，可在图书馆、宾馆、档案室、商场等场所使用。其中IG541灭火剂的成分为50%的氮气、10%的二氧化碳和40%的惰性气体。

二、构造

1. 灭火器配件

灭火器的配件主要由灭火器筒体、阀门、灭火剂、保险销、虹吸管、密封圈和压力指示器等组成。

2. 灭火器构造

（1）手提式灭火器

手提式灭火器结构根据驱动气体的驱动方式分为贮压式、外置储气瓶式、内置储气瓶式3种。外置储气瓶式和内置储气瓶式主要应用于干粉灭火器，随着科技的发展，性能安全可靠的贮压式干粉灭火器逐步替代了储气瓶式干粉灭火器。目前，储气瓶式灭火器已经停产，市场上主要是贮压式结构的灭火器。

手提式干粉灭火器结构如图10-1所示，使用时，用手提灭火器的提把或用肩扛灭火器到火场，在距离燃烧处5 m左右，放下灭火器，先拔出保险销，一手握住开启压把，另一手握在喷射软管前端的喷嘴处。先将喷嘴对准燃烧处，用力握紧开启压把，对准火焰根部扫射。在使用干粉灭火器灭火的过程中要注意，如果在室外，应尽量选择在上风方向。

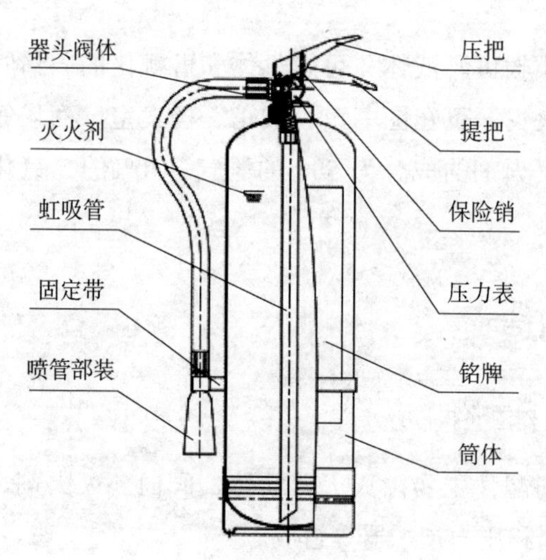

图 10-1　手提式干粉灭火器结构示意图

手提式二氧化碳灭火器结构与其他手提式灭火器结构相似，如图 10-2 所示，只是取消了压力表，增加了安全阀。判断二氧化碳灭火器是否失效可采用称重法。按照要求每年检查一次，低于额定充装量的95%就应进行检修。

灭火时，将灭火器提到火场，在距离燃烧物 5 m 左右，放下灭火器拔出保险销，一手握住喇叭筒根部的手柄，另一手紧握启闭阀的压把。当可燃液体为流淌状时，应由近到远向火焰喷射；当可燃液体在容器内燃烧时，应将喇叭筒提起，从容器的一侧上部向燃烧的容器中喷射。切勿将二氧化碳射流直接冲向可燃液面，防止将可燃液体冲出容器而扩大火势。在室外使用时，应选择在上风向喷射，宜佩戴手套，不能用手直接抓住喇叭筒外壁或金属连接管，防止手被冻伤。灭火后应迅速离开，以防窒息。

（2）推车式灭火器

推车式灭火器主要由筒体、阀门机构、喷管、车架、灭火剂、驱动气体、压力表及铭牌组成，如图 10-3 所示。

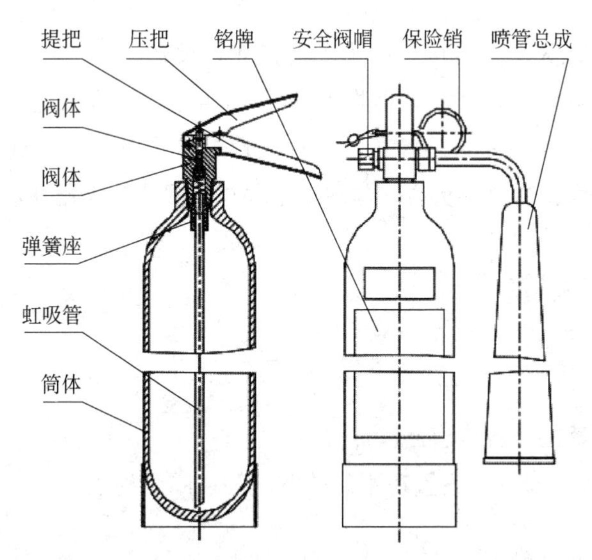

图 10-2 手提式二氧化碳灭火器结构示意图

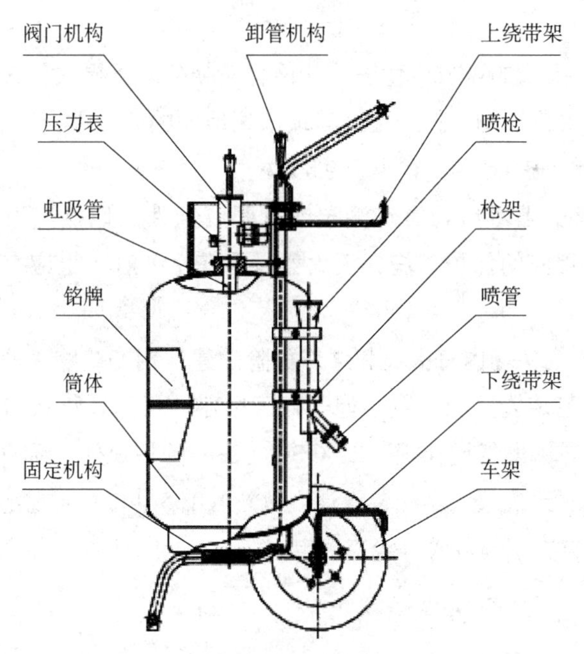

图 10-3 推车式灭火器结构示意图

推车式灭火器一般由两人配合操作，使用时两人一起将灭火器推或拉到燃烧处，在离燃烧物 10 m 左右停下，一人快速取下喷枪并展开喷射软管后，握住喷枪，另一人快速按逆时针方向旋动手轮，并开到最大位置。灭火方法与注意事项与手提式灭火器基本一致。

三、配置

1. 灭火器的设置

灭火器的设置应遵循以下规定：

1）灭火器不应设置在不易被发现和黑暗的地点，且不得影响安全疏散。

2）对有视线障碍的灭火器设置点，应设置指示其位置的发光标志。

3）灭火器的摆放应稳固，其铭牌应朝外。手提式灭火器宜设置在灭火器内或挂钩、托架上，其顶部离地面的高度不应大于 1.5 m，其底部离地面的高度不宜小于 0.8 m。

4）灭火器不应设置在潮湿或有强腐蚀性的地点，当必须设置时，应有相应的保护措施。灭火器设置在室外时，也应有相应的保护措施。

5）燃气站场内有火灾和爆炸危险的建（构）筑物，液化天然气储罐和工艺装置区应设置小型干粉灭火器，其配置灭火器的数量除应符合《城镇燃气设计规范》（GB 50028）的规定外，还应符合现行国家标准《建筑灭火器配置设计规范》（GB 50140）的规定。其配置原则按火灾类别与危险等级来确定。

2. 灭火器的选择

灭火器的选择应考虑以下因素：

1）灭火器配置场所的火灾种类和危险等级；

2）灭火器的灭火效能和通用性；

3）灭火器对保护物品的污损程度；

4）灭火器设置点的环境温度；

5）使用灭火器人员的体能。

3. 灭火器的配置

为了科学、合理、经济地对灭火器配置场所进行灭火器配置，首先应对配置场所的灭火器配置进行设计计算。灭火器的配置一般按照下述步骤和要求进行考虑和设计：

1）确定各灭火器配置场所的火灾种类和危险等级；

2）划分计算单元，计算各单元的保护面积；

3）计算各单元的最小需配灭火级别；

4）确定各单元内的灭火器设置点的位置和数量；

5）计算每个灭火器设置点的最小需配灭火级别；

6）确定各单元和每个设置点的灭火器的类型、规格与数量；

7）确定每个灭火器的设置方式和要求；

8）一个计算单元内的灭火器数量不应少于 2 个，每个设置点的灭火器数量不宜多于 5 个；

9）在工程设计图上用灭火器图例和文字标明灭火器的类型、规格、数量与设置位置。

四、管理

1. 日常巡查

巡查内容包括灭火器配置点状况、灭火器数量、外观、维修标识以及灭火器压力指示器等。巡查周期每天至少巡查 1 次。

2. 维修与报废

(1) 维修年限

手提式、推车式水基型灭火器出厂期满 3 年，首次维修之后每满 1 年。

手提式、推车式干粉灭火器、洁净气体灭火器、二氧化碳灭火器出厂期满 5 年；首次维修之后每满 2 年。

送修灭火器时，一次送修数量不得超过计算单元配置灭火器总数量的 1/4。

(2) 报废年限

水基型灭火器出厂期满 6 年。

干粉灭火器、洁净气体灭火器出厂期满 10 年。

二氧化碳灭火器出厂期满 12 年。

灭火器存在下列情形之一的，予以报废处理。

1）筒体严重锈蚀（漆皮大面积脱落、修饰面积大于筒体总面积的 1/3，表面产生凹坑的）或者连接部位、筒底严重锈蚀的；

2）筒体明显变形，机械损伤严重的；

3）器头存在裂纹、无泄压机构等缺陷的；

4）筒体存在平底等不合理结构的；

5）手提式灭火器没有间歇喷射结构的；

6）没有生产厂名称和出厂年月的（包括铭牌脱落，或者铭牌上的生产厂名称模糊不清，或者出厂年月钢印无法识别的）；

7）筒体、器头有锡焊、铜焊或者补缀等修补痕迹的；

8）被火烧过的。

第十一章

事故管理

事故管理是安全生产管理的一项重要内容，是企业预防安全事故的重要手段。安全事故管理主要包括对安全事故进行报告、登记、调查、处理和分析。

第一节　基本原则

事故管理要坚持“四不放过”原则，即事故原因未查清不放过，防范措施不落实不放过，事故责任人未受到处理不放过，群众未受到教育不放过。这就要求事故发生后必须查明原因，分清责任，落实防范措施，教育群众和处理责任人，防止同类事故的发生。

燃气生产经营单位应当制定本单位事故应急救援预案，建立应急救援组织，配备应急救援人员和必要的应急救援设备设施与器材，并定期组织演练，保证应急救援队伍在任何情况下都能迅速实施救援，以及救援装备在任何情况下都处于正常使用状态。

第二节　事故管理

一、事故报告

1. 基本规定

发生安全生产事故，事故现场有关人员应当立即报告本单位负责人，单位主要负责人按本单位应急救援预案，迅速采取有效措施，组织营救受害人员，控制危害源，检测危害状况，防止事故蔓延、扩大，减少人员伤亡和财产损失，并采取封闭、隔离等措施，消除危害造成的后果。

按照有关规定，发生严重的燃气安全事故，可能危及周边区域或公众安全（如汽车罐车运输、站场燃气严重泄漏等），必须立即向属地燃气行政主管、公安、安全生产监督、质量技术监督部门报告，按本单位应急救援预案，迅速采取有效措施，并采取一切可能的警示措施。发生事故后不得隐瞒不报，谎报或拖延不报，不得故意破坏事故现场、毁灭有关证据，否则将依法追究责任。

2. 报告内容

事故报告应包括以下内容：

1）发生事故的时间、地点和伤亡情况；

2）事故性质、严重程度及发生事故的部位；

3）事故简要过程和直接经济损失的初步估计；

4）事故发生原因的初步判断；

5）事故发生后采取的措施和事故控制情况；

6）报告人姓名、所属单位及联系电话等。

二、事故调查

事故发生后，要对事故进行调查和处理。调查的目的是了解事故情况，掌握事故事实，查明事故原因，分清事故责任，拟定防范措施，防止同类事故发生。

1. 事故调查组成员

事故的调查处理根据事故等级或危害程度，由相应级别的主管部门成员组成调查组。

（1）轻伤、重伤事故

由企业负责人或其指定人员组织生产、技术、安全等有关人员以及工会代表参加事故调查组进行调查。

（2）死亡事故

由企业会同属地市（地）级政府安全生产主管部门、燃气行政主管部门、劳动保障部门、公安部门、工会等成员组成事故调查组进行调查。

（3）重大死亡事故

按企业的隶属关系由省、自治区、直辖市企业主管部门或国务院有关主管部门会同同级安全生产主管部门、劳动保障部门、公安部门、工会等成员组成事故调查组进行调查。

2. 调查组的职责

事故调查组的职责，主要包括以下内容：

1）查明事故发生原因、过程和人员伤亡，经济损失情况；

2）查明事故责任人；

3）提出事故处理意见和防范措施建议；

4）写出事故调查报告。

三、事故分析

在分析事故原因时，先要认真整理和研究调查材料，并从直接原因入手，即从机械、物质或环境的不安全状态和人的不安全行为入手，确定导致事故的直接原因（指直接导致事故发生的原因）后，逐步深入到间接原因（指直接原因得以产生和存在的原因，一般可以理解为管理上的原因）进行分析，找出事故主要原因，从而掌握事故的全部原因。分清主次，进行事故责任分析。

事故间接原因主要按以下几个方面进行分析：

1）技术上和设计上是否有缺陷，如建（构）筑物、设备、构件、仪器仪表、工艺过程、操作方法、检验检修等的设计、施工和材料使用存在的问题；

2）未经教育培训或培训教育不够，不懂或缺乏操作知识；

3）劳动组织不合理；

4）对现场工作缺乏检查监督或指挥失误；

5）没有操作规程或操作规程不健全；

6）没有或不认真实施防范措施，对事故隐患整改不力等。

对事故责任的分析，必须以严肃认真的态度对待，要根据事故调查所确认的事实，通过对直接原因和间接原因的分析，确定事故的直接责任者和领导责任者，然后在此基础上，根据事故发生过程中的作用，确定事故的主要责任者。最后，根据事故后果和责任者应负的责任提出处理意见。

四、事故处理

事故调查处理应当按照实事求是、尊重科学的原则，及时、准确地查清事故原因，查明事故性质和责任，总结经验教训，提出整改措施，并对事故责任者提出处理意见。

对事故责任者的处理，一般以教育为主，或者给予适当行政处分（包括经济制裁）。其中对情节恶劣、后果严重、触犯刑法的，应提请司法部门依法追究刑事责任。对在伤亡事故发生后隐瞒不报、谎报、故意迟迟不报、故意破坏事故现场，或者无正当理由拒绝接受调查以及拒绝提供有关情况和资料的，由有关部门按照国家相关规定，对单位负责人和直接责任人给予行政处分，构成犯罪的，由司法机关依法追究刑事责任。

事故单位要认真吸取事故教训，教育广大群众，落实整改措施，防止同类事故再次发生，同时还要做好事故材料归档工作，将事故调查处理过程中形成的材料归入安全生产档案。

五、事故结案归档

事故结案后，应归档的资料包括以下内容：

1）职工伤亡事故登记表；

2）事故调查报告书及批复；

3）现场调查记录、图纸、照片；

4）技术鉴定和试验报告；

5）人证、物证材料及直接、间接经济损失材料；

6）事故责任者的自述材料；

7）医疗部门对伤亡人员的诊断书；

8）发生事故的工艺条件、操作情况和设计资料；

9）处分决定和受处分人员的检查材料；

10）有关事故通报、简报及文件；

11）安全教育记录及防范措施；

12）注明参加调查组的人员姓名、职务、单位等。

第十二章

应急预案

第一节 应急预案分类

燃气具有易燃、易爆、有毒的特点，极易发生重大事故。制订燃气安全事故应急预案，对规范城镇燃气安全事故的应急管理和应急响应程序，及时有效地实施应急处置和救援工作，防止事态扩大，最大限度地降低事故的危害程度，减少事故造成的人员伤亡和财产损失等具有重要意义。

事故应急预案主要分为三大类，即综合应急预案、专项应急预案和现场处置方案。综合应急预案是应急预案体系的总纲，是公司组织应对突发事件的总体制度安排；专项应急预案是公司为应对某一类型或某几种类型突发事件，而预先制订的涉及一个或多个部门职责的工作方案；现场处置方案为各部门根据本部门应急响应实际要求制订。

第二节　综合应急预案

综合应急预案作为应急预案体系的总纲，是整个企业应急预案的宏观体现。主要包括总则、事故风险描述、组织机构体系及职责、预警及信息报告、应急响应、应急结束、信息公开、后期处置、应急资源保障。

一、总则

主要讲述编制目的，介绍编制依据和适用范围，对应急预案相关的专业术语进行解释，划分适用于本企业的应急预案体系，说明应急工作的主要原则等。

二、事故风险描述

1. 基本概况

对企业概况进行介绍，重点说明企业的生产经营特点。

2. 危险源辨识

企业根据其生产经营特点，制定《危害辨识、风险评价和风险控制管理程序》及《公司风险评估制度》，各部门依据本程序和制度对工作场所及作业过程进行危险源识别，并对危险源进行风险评估。企业每年定期对危险源进行评定完善，通过制定管理方案或控制措施予以控制。

3. 风险分析

风险分析主要针对城镇燃气管道及场站两大风险场所展开说明。其中，燃气管道的风险包括管道腐蚀泄漏、重压断裂泄漏、第三方施工破坏、管道超压运行、用户违规使用以及自然地质灾害等；场站的风险包括人员违规操作、潜在电气火灾、设备超负荷运行、雷击及地质灾害等。

三、组织机构体系及职责

1. 组织机构体系

根据燃气事故的性质、范围、损失及伤亡情况和分级负责的原则，成立公司、部门、组别 3 级事故应急组织体系。根据事故等级启动相应的应急指挥响应程序。部门及以下应急指挥机构由部门组织成立并报有关管理部门备案。

公司应急组织机构由公司应急指挥部、现场应急指挥部和应急小组组成。公司应急指挥部是本公司突发事故应急管理工作的最高领导机构，现场应急指挥部派出的现场应急抢险指挥机构，行使现场应急指挥、协调、处置等职责。指挥部下设综合协调组、后勤保障组、应急处置组、检测警戒组、善后处理组专业应急小组等，由于公司面对的每起事故的性质都不同，根据不同事故性质和现场情况可临时成立其他工作组。

公司应急指挥部设在公司办公楼紧急事故控制中心，作为公司在应急期间的总指挥部，是公司紧急应变管理小组成员进行应急会议的地点，所有事故信息的接收和发出都通过中心的应急人员进行。具体负责燃气事故的应急领导和决策工作，宣布应急预案启动；确定应急救援方案；组织应急处置；控制应急事态；宣布应急终止，接受上级指令和调动。非应急状态下调度中心负责 24 h 应急值班值守及通信联络，做好公司事故控制中心的图档、应急文件及表格、通信设施的管理维护工作。

2. 职责

（1）总指挥

总指挥的职责是初期在紧急控制中心全权处理紧急事故，总指挥应与政府、集团事故协调员保持密切联系，并向其取得有关的意见和指示。当初期处理响应流程结束后，由其指定的处理人接替其在紧急控制中心工作，本人应尽快到达事故现场指挥应急救援，如因任何原因不能到达现场，由其授权现场指挥全权组织现场应急救援。

（2）副总指挥

副总指挥的职责是协助总指挥全面开展工作；与总指挥一同评估紧急事件的等级及潜在的危险和影响，并确定下一步的行动；为总指挥提供现场处置建议；组织对外联络及信息发布，协调调度中心和外围工作。

（3）现场指挥

现场指挥的职责是当获悉紧急事故的发生及其地点后，应立即赶到现场，有效地控制事故，与总指挥保持密切联络，如有需要寻求总指挥的指示和意见。发布紧急事故的预警级别通常是现场指挥的工作，其他授权人员在紧急的情况下也可发布预警。

（4）指挥部成员

指挥部成员的职责是根据各自工作分工或总指挥安排，负责相应工作小组的工作；组织调整救援力量，按照指挥部要求向有关部门下达救援工作指令；持续跟踪掌握事故发展动态，及时向总指挥建议或汇报，接受和办理有关应急救援及事故处理的工作指示；组织实施应急经费、材料设备、车辆运输等保障工作；组织妥善安排解决事故伤亡人员的救治及善后处理的有关事宜。

（5）应急工作组

应急工作组按照职能的不同分为综合协调组、后勤保障组、应急处置组、检验评估组、善后处理组以及事故监测评估组。

（6）综合协调组

综合协调组由安全及风险管理部、调度及热线中心人员组成，负责监督检查现场作业的安全和进度，传达指挥部的决定和工作指令；负责与各组间的联络协调、通信联系；报告各组工作开展情况和重大问题，应急工作情况记录和资料收集、整理；协助总指挥记录现场的各项指令和反馈信息；服从总指挥的指令，负责事故处理过程中涉及的应急单位的联系，根据指挥部指令为事故处理寻求专业技术支持。

（7）后勤保障组

后勤保障组由财务部门领导负责，由财务部、人行部相关人员组成。负责应急物资的购置及抢修过程中内部物资、车辆、设备设施的调配、购置、保障。负责外界、新闻单位的后勤服务工作。负责事故应急过程中的重要信息（摄影、摄像等）的采集。负责应急通信保障，组织卫生医疗救护、车辆后勤的保障；在应急处置组的支持下负责对外信息的收集整理与组织发言人发布工作。

（8）应急处置组

应急处置组由管网运行部、客服部抢险应急人员及工程部人员组成。接受现场指挥的指令，负责勘查现场和事故初始化危险评估；组织控制和排除险情；初步查明事故发生原因；开展现场抢修和后期维修处置，控制事故扩大。及时向现场指挥报告作业进度和作业情况、拟采取措施的建议以及需要配合和解决的问题等。

（9）检测评估组

检测评估组由客服部、管网部、风险部相关人员组成，向现场指挥负责，负责疏散转移事故区域的群众和无关人员，设立作业警戒区并负责现场警戒工作。落实入户检测、告知义务，按现场指挥部指令配合现场抢修作业组作业。

（10）善后处理组

善后处理组由分管副总负责，由办公室、工会、风险部、财务部、人行部等部门人员组成。协助进行伤亡人员的救助，负责伤亡人员或家属的安抚、医疗费用的垫付；与受损方谈判商定协商或诉讼处理方式，并跟进完成；跟进保险公司理赔事项。组织或指导做好现场善后处理恢复工作。

（11）事故监测评估组

事故监测评估组由风险部、管网运行部、客服部经理等人员组成。进行事故调查、分析，调查结束后，监测评估小组需填写一份事故总结报告，内容包括意外事故详情、调查结果及预防类似事故再次发生的建议。事故进行认定后，善后处理组在公司指挥部的领导下根据国家的法律法规进行处理。

四、预警及信息报告

1. 预警分类

根据事故发生时的危险程度，将事故预警由高到低划分为一级预警、二级预警、三级预警、四级预警。由总指挥、副总指挥或其指定人员负责发布适当的预警。预警信息的发布、调整和解除可通过广播、通信、信息网络、预警器、宣传车或组织人员逐户通知等方式进行。

四级预警（蓝色预警）是指小量化学品的溢出或泄漏，火警或其他任何紧急事故，不影响正常运作及不需要外界协助处理；可能或已经轻微影响正常运作，但不需要外界协助处理。

三级预警（黄色预警）是指小量化学品的溢出或泄漏，火警或其他任何紧急事故，已经轻微影响正常运作，但不需要外界协助处理，同时这个预警是应急预案的戒备警告。调度中心应继续收集事故最新发展，并随时准备在事故进一步恶化时参与执行应变的工作。

二级预警（橙色预警）是指大量化学品的溢出或泄漏，火警或其他任何紧急事故，可能或已波及厂区范围以外的地区，且立即需要外界协助处理，但不会实时影响公众。

一级预警（红色预警）是指大量化学品的溢出或泄漏，火警或其他任何紧急事故，可能或已波及厂区范围以外的地区，并影响公众，而立即需要外界协助处理。

2. 预警信息发布方式及流程

预警信息来源于公司外部人员报警，如公安、消防、医疗等社会公共单位、燃气用户、物业管理人员、群众；公司内部员工报告如管网巡查人员或站场工作人员等；任何员工从任何渠道获悉任何紧急事故，应马上向有关部门主管报告，员工不得假定有关部门已获悉有关信息而放弃联络，其报告内容至少应包括：一是信息来源；二是如何获得进一步的信息；三是紧急事故性质（包括损坏程度及可能需要的援助）；四是接到信息的时间、地点等详细数据；五是有关部门主管人员在接到报警的同时，及时通知部门有关主要人员赶赴现场。

所有事故信息通过公司报警电话首先传送到公司调度及热线中心，由调度及热线中心立即通知 24 h 应急处置值班人员处置的同时，然后针对信息等级和紧急程度，上报相应应急指挥人员。

当发出紧急预警后，各有关紧急应变程序会相继启动，这个阶段首先要判断事故本身是否会构成或演变成重大危机。现场指挥需前往事发现场，在视察过事件情况后，决定是否需要宣布进入紧急状态。除现场指挥有权宣布进入紧急状态外，其他指定的部门重要人员也有此权力。

3. 信息报告程序

预警信息报告途径：公司通过 24 h 应急报警电话，接收和传达有关预警信息；并通过公司各部门办公通信电话、各级应急主要人员的移动及固定电话、公司抢修值班人员对讲机、移动及固定电话进行信息联络。

4. 预警信息处置

公司调度及热线中心接到预警信息后，必须在 3 min 内通知应急处置值班人员第一时间赶赴现场查验。公司燃气应急处置值班人员（第一批赶赴现场的应急人员）必须保证在接到信息后 5 min 内出警，尽快到达事发现场，分辨预警信息真实程度和级别，马上向公司调度值班人员汇报，并及时与调度及热线中心保持联系反馈信息情况；同时，根据“先期处置”原则，采取必要的措施，控制局面，防止事态恶化。先期处置信息及时与公司调度值班室沟通。某些事故如需取证，第一到达现场的应急人员有责任保护现场。

调度及热线中心依据信息等级，按照规定，进行信息传达，预警信息接收人按照规定上报和处置。

在核实确认预警事故后，对于影响正常供气需要向有关单位通报情况的，根据指挥部指令由调度及热线中心或有关部门通过电话、张贴或媒体发布公告等方式向社会或有关单位通报事故基本情况、供气可能发生的状况和应采取的相应措施等。

当宣布进入紧急状态后，需及时联络总指挥及有关单位工作人员赶赴事发现场。当向邻近受事故影响的公众人员发出紧急信息时，必须由总指挥或其他授权人负责执行，必要时可找现场公安、消防协助。

根据事故危害程度和防止次生事故发生，需要请求政府组织或有关企业支援的，由公司指挥部联系相关企业、社会救援机构支援。

公司总指挥授权指挥部成员或指定的人员与外界进行信息沟通，通过电视、广播、网络、报纸或召开新闻发布会等方式，及时、准确、客观、公正地发布燃气事故信息，并根据事故处置情况，做好后续信息的发布。对外信息发布需符合政府主管部门有关应急信息发布的相关规定。

五、应急响应

1. 响应分级

根据事故的严重程度、可控性和影响范围等因素，本预案将事故等级按由低到高划分为一级至四级，按照分级负责的原则，分别对应不同的应急响应。

2. 响应程序

接警人员首先问明事件详细地点、事件基本情况（如有无泄漏、着火、爆炸等和事故的严重程度）、报警人姓名、联系电话，做好记录，根据事故等级和响应等级，立即报告（通知）相应等级应急指挥（人员），由其启动相应级别应急预案进行应急处置。同时根据事态发展趋势和对事态的控制能力，需扩大应急，向上一级总指挥报告。响应处置结束后，组织对事故现场范围内进行全面检查，避免留有安全隐患。后续工作如需移交其他部门，则须后续人员到达现场后，详细移交现场情况，在交接工作完成后，撤离现场，应急结束。且要认真如实填写应急处置记录。

现场发现危险状态（事故临界状态）时，现场最高职务人员是现场抢险指挥，有权决定现场应急抢险指挥事宜，并向上一级领导紧急报告，启动现场紧急处置程序。当公司应急抢险处置超出本公司应急抢险救援处置能力时，应立即上报上级有关部门，公司根据上级指令开展救援。

3. 应急处置

在对各类事故组织指挥采取应急处置措施时应遵守相应的抢险作业处置技术要求。同时各应急人员应运用其专业判断能力，恰当地执行本预案，掌握相关应急避险知识，结合现场处置方案实施，以应对不同险情的要求，防止次生事故发生。

六、应急结束

当遇险人员全部得救，事故现场得以控制，环境符合有关标准，导致次生、衍生事故隐患消除后，经现场应急救援指挥部确认，报最高指挥人员批准，现场应急处置工作结束，应急救援队伍撤离现场。由事故总指挥根据应急响应处置情况宣布响应结束，应急处置结束有专项工作报告。

1. 事故报告

应急抢险结束后，现场应急指挥部应按照有关规定将事故情况向上级报告。报告内容主要包括：

1）事故发生的时间、地点；

2）事故类型；

3）伤亡人数和经济损失情况；

4）事故的简要经过，原因的初步分析和判断情况；

5）已经采取的救助措施和救助情况；

6）事故报告单位、人员、通信方式。

2. 移交事项

应急抢险结束后，需要向事故调查处理小组移交的相关事项主要包括：

1）事故发生时的现场人员名单；

2）事故救援过程中的影像资料；

3）发生事故中的设备或设施资料；

4）发生事故的设备、设施或物品残骸；

5）其他相关资料和物品。

3. 工作总结

应急抢险结束后，应对事故应急救援工作进行总结，查找救援工作中的不足，修订应急预案。

4. 应急结束

宣布应急状态结束后，应按照预案和行动方案的要求，及时补充应急救援物资和设备，重新回到应急准备状态。

七、信息公开

当成立现场应急指挥部时，对外信息的发布由总指挥或其指定人统一对外发布，并由其拟定对新闻媒体的统发稿，新闻稿的内容必须客观属实。做好新闻单位的接待和信息发布等工作，必要时可请新闻机构的管理人员参加指挥部工作，负责对事故现场媒体活动实施管理、协调和指导。其他参与事故应急的人员（包括指挥部其他成员）不得对外发布事故信息。

当启动上级集团、政府相关预案后，对外信息发布配合上级单位进行信息发布，发布方式根据具体实际情况配合政府所采取的方式。无论何种形式，信息发布必须保证提供信息的统一性，避免出现矛盾信息；根据具体情况，根据需要指定负责人，保证信息的准确性，澄清事故谣言。

八、后期处置

当紧急事故处理完结后，危机已受控制，由公司授权人员宣布解除紧急戒备，在重返现场时，应急人员事先彻底地检查现场环境，待确定合乎安全后，才进入事发地点做善后修复、收集证据或启动设施等。

1. 生产秩序恢复

由公司主要负责人会同其他部门负责人，确认事故处理完成，宣布公司进入恢复生产阶段，各部门和人员按照分工任务组织正常生产前的恢复工作（清理事故现场、设备管道检测、恢复供应等）。

2. 事故调查与分析

紧急事故警报解除后，公司总指挥员组织监测评估小组进行事故调查、分析，调查完结后，监测评估小组需填写一份事故总结的成因，内容包括意外事故详情、调查结果及预防类似事故再次发生的建议。事故进行认定后，善后处理组在公司指挥部的领导下根据国家的法律法规进行处理。

3. 事故后的教育

事故调查总结报告发出后，公司应对公司内的相关员工进行一次关于此类事故处理的培训教育，使之明白事故的发生原因、预防与处理措施，避免再次发生类似事件。

4. 抢险过程和应急救援能力评估

公司召开会议，针对抢险过程，评价应急救援能力，检讨存在的问题和不足，制订整改完善方案，由公司各部门和人员按照分工实施。

九、应急资源保障

发生应急事故后，处置工作的重要性高于其他一切工作，公司各层领导、各部门、各班组必须无条件服从应急事故处置过程中人、财、物的资源调配。当内部资源无法满足抢险应急需要时，公司须寻求外部支援和上报上级政府请求支援。

1. 通信联络与信息保障

通信直接影响应变计划执行的速度，公司对所有有关人员需配备必要的通信设备，如对讲机、移动电话，并登记成册发放给有关人员。公司指定有关部门定期对有关人员的通信联络电话进行复核及更新。对一些关键人物，要及时更新其变动的职位、电话或相应的架构。

调度及热线中心随时更新上游供气单位联系人及重要客户联络方式；管网部随时更新管网系统资料，确保应急事故发生时能提供准确的管网资料。客户服务部随时更新客户资料，确保应急事故发生时能提供准确客户信息。

2. 物资交通保障

公司配备的应急物资、设施、抢险装备、车辆和通信联络设备，管网部、客服部要确保所有应急设备、设施处于良好状态，并要根据应急物资的变更进行及时补缺。管网部应配备一定数量的应急设施，以便在应急处置中有条件实施一定范围的不停气抢修。在应急响应时，利用公司现在交通运输车辆提供支持，所有车辆服务调度，优先保障应急需要，必要时借用社会运输力量，以保证现场应急救援工作需要。

3. 应急队伍保障

抢险应急通常以公司专业抢险队伍为基础，以公司承包商施工队伍为支援，以社会医疗、消防等专业救援队伍为依托，以公司全体员工应急救援队伍为重要补充力量。全体员工都有安全生产事故应急救援的责任和义务，各职能部门和专业抢修人员是应急救援的骨干力量。在公司应急预案启动情况下，公司各部门无条件接受指挥部的统一协调指挥。

事故应急处置中，抢修小组指挥人员应当具有组织能力、应急处置能力，并由熟悉应急处置预案的人员担任。应急抢修人员必须具备燃气业务培训的经验且掌握燃气安全防护知识和技能。队伍到达现场后应听从现场指挥部的调派。

4. 经费保障

由财务部落实，直接列入安全费用投入，应急专项资金按照相关规定的安全费用提取比例进行提取，财务部专项支付，保障事故现场救援和物资采购、伤员救治及善后工作的需要，当事故发生经费筹集困难时，及时报集团财会部门筹集支持。

公司积极保证用于安全生产方面的资金投入。在编制年度预算时，优先保证安全费用，按规定和实际需要列支事故隐患和安全技术措施项目经费，做到专款专用。安全技术措施计划和事故隐患治理计划由工程管理部编制，需投资安排的项目由财会部门按规定纳入投资计划。

第三节　专项应急预案

根据燃气公司在多年生产运行中的经验，专项应急预案主要分为以下 3 类：客户专项应急抢险预案、供应不足或中断专项应急预案、燃气设施损坏事故专项应急预案。以下针对 3 类专项应急预案分别进行阐述。

一、客户专项应急抢险预案

制订本应急预案目的是，一旦发生突发性事故，能及时、准确、有效地控制事态的蔓延和扩大。

1. 风险隐患分析

当燃气设施、管道发生天然气泄漏和渗漏时，漏出的天然气与空气形成易燃易爆混合气体，在有火源存在时，可能导致火灾、爆炸，很可能会给客户造成人员伤亡及财产损失。

2. 原则

抢险实行 24 h 值班制度，班长以上的管理人员及相关抢险人员应熟悉掌握应急预案的内容。在突发性事故信息发出后，所有接到指令的部门人员须无条件地服从抢险工作，如 15 min 内没有回应，应马上召集其他人员。

在进行事故抢险并保证安全的条件下，必须确保事故区内其他用户的安全。因此，在事故处理前及可能的条件下，通过技术处理，尽可能减少受影响的用户数，将损失及影响降至最低限度。

3. 组织架构与职责

（1）公司紧急应变小组

公司紧急应变小组作为抢险组织的最高层，负责组织协调公司内部救援力量，应对三级以上的抢险任务。

（2）抢险经理

当客户出现严重事故时，抢险经理应立即赶赴事故现场，与抢险人员保持联系，并根据现场情况，下达事故处理意见和指示，全权控制处理该突发性事故，并负责现场抢险指挥工作和对事故及可能的后果作出全面的评估，并将事故处理的进展情况向总经理汇报。

（3）抢险主任

抢险主任在接到突发性事故报告后，应立即组织突发事故处理小组成员到达现场，对事故进行高效处理，并与部门经理保持密切联系。抢险主任根据现场情况合理安排抢险人员与资源，如发现人员或资源不足，迅速启动后备紧急抢险计划增加抢险人员和资源，确保现场的人员和资源充足。

（4）值班班长

根据致电人的事件描述准确判定事故的严重程度，并做好相应记录；安排抢险值班人员在规定时间内到达抢险现场；检查并审核各项抢险值班记录；根据事故的严重程度决定是否向主任、经理汇报；在抢险主任、经理未到现场之前，担负起现场指挥的责任，正确合理地安排抢险工作的进行；对抢险人员的抢险工作给予正确的指导，降低安全风险；协助进行现场的组织及协调。

（5）抢险员工

根据值班安排按时参加抢险值班工作；接班时检查值班记录是

否清楚及抢险值班设施、工具是否完好及齐全；在接到抢险电话后以最快速度到达事故现场进行抢险工作；服从抢险现场指挥人员的指挥；做好事故现场的记录，保护好现场的证据。

4. 信息传递流程

（1）接警信息处理

接到报警电话首先询问并记录以下内容：首先问明报警原因（如漏气、着火、爆炸等事故大小）；其次记录详细地址、报警人姓名、电话及接报时间。在确定为泄漏事故后，应进一步咨询泄漏的具体部位，并告知用户及时关闭燃气表前阀，打开门窗通风后迅速离开现场，等候抢险人员到达。

客户服务热线/抢险热线负责接收抢险事故报告，如其他部门获得这类报告，应立即通知客户服务热线/抢险热线，以便采取适当行动。

（2）事故信息报告

在获得以上信息后，接警人员应立即联系通知部门抢险值班人员，要求立即赶赴现场，采取有效措施控制事态的进一步扩大。抢险人员到达现场后，立即疏散人员，在事故发生点周围形成一定范围的隔离区，维护好现场秩序，同时通知部门经理，报告与事故有关的情况，其报告内容应包括事件发生的时间、具体位置、性质以及已通知的单位及人员。

5. 处置原则和程序

（1）处置原则

所有抢险事故必须超越其他工作，列为最优先处理。处理抢险事故，首先要保障人员生命安全。所有抢险事故，各部门按照指令 5 min 内出警，市区内在 30 min 内以最短时间到达。

排除险情或移动物品时，要最大限度地保护现场和痕迹物证，必要时拍照和记录。当事故原因未查清或隐患未消除时不得撤离现场，应及时采取安全措施，直至查清事故原因并消除隐患为止。当同一地点有两个或两个以上人士致电报称气体泄漏时，此事件应立即升级为“严重紧急事故”，必须立即通知抢险主任。

公司范围内发生的事故，分为4个等级。当发生三级、四级事故时，启动本预案和相应专项应急预案；当发生严重的一级、二级紧急事故时，由安全及风险管理部经理向公司总经理汇报，总经理决定启动公司级综合应急预案。

各抢险应急小组必须服从指挥和调度，将现场情况及时向上级报告。抢修作业应服从统一指挥，严明纪律，作业必须符合安全作业规程，必须保持通信工具畅通，但不得在危险区域内使用。

调度及热线中心作为公司事故控制中心，现场抢险人员必须及时如实报告情况，事故处理如需切断燃气供应，影响到其他工商业户、大量民用户供应，启动停气及恢复供气程序，由事故控制中心向外界发布紧急停气信息［向媒体（电台、电视台）传递“紧急停气通知”；立即通知受影响的其他工商业用户及居民区的物业管理公司。客户服务部对下游居民区张贴紧急停气通知；同时热线做好停气的解释工作］。

当事故隐患未查清或隐患未消除时不得撤离现场，应采取安全措施，直至消除隐患为止。

（2）程序

部门主任或经理在接到突发事故报告后，应尽快向调度中心报告事故实际险情，确定启动应急方案，即是否启动公司应急预案，以便及时正确地传递信息。三级、四级险情由以客户服务部分管领导为组长、客户经理、维修主任、安检主任为组员的客户应急管理小组组织指挥险情处置，客户服务部主管经理任现场总指挥，全权负责组织抢险抢修，控制现场局面。如抢险部分工作涉及地下管网，需管网部等其他部门配合，报告事故控制中心，由中心进行调度指令管网部主管，派出管网抢修人员协助。发生三级险情，调度及热线中心通知公司各紧急事故应变小组戒备，现场指挥掌握预判现场险情趋势，一旦事故升级，立即报告启动公司紧急应急预案。如抢修人员抵达现场及将事件判断为严重事故时，必须立即反馈应急指挥中心，使其将有关详情通知公司领导。

抵达现场后，应采取必要措施保障生命及财产安全。应根据燃气泄漏程度设定警戒区和警示标志。有必要时应请求交警部门进行交通管制。综合现场情况，尽快向抢险主任、抢险经理报告。在抢险队伍到达之前应留驻现场保护公众，免受爆炸或气体中毒危险（或者需要疏散）。

综合现场情况，尽快向抢险经理/抢险主任报告。如现场需要加派人手协助，可向客户服务部、管网部、公安部门、消防部门及其他部门求助。为安全起见，严禁单独在有危险性的现场作业，可向抢险经理/管网工程抢修人员要求迅速派员增援。

6. 抢险抢修工作制度

抢险抢修工作制度主要分为抢险工作记录制度、抢险工作管理制度、抢险值班制度、抢险夜间值班制度、抢险人员培训制度等。

7. 现场注意事项

1）如在房间内发生燃气泄漏，而无法切断漏气源和通风疏散，或测试显示燃气浓度达到20%爆炸下限时，必须进行人员疏散。为安全起见，严禁单独在有危险性的现场作业。

2）使用具备防爆性能的气体检测器探测现场附近，根据燃气泄漏程度设定警戒区和警示标志，管制交通；尽快向本部门主任、经理报告是否需要人员支援，是否向警方、消防及其他部门求助。

3）就近关闭气源阀门或调压器，控制燃气继续泄漏，进入达到燃气危险浓度的房间内，必须佩戴呼吸设备，严禁明火或其他非防爆照明设备，非防爆工具或装置，只可使用防爆照明设备照明。

4）在燃气积聚的地方，必须佩戴呼吸设备进行工作，严禁使用任何电力设备、通信工具、拍摄器材、非防爆工具或装置。只可使用防爆照明设备照明，严禁明火或其他非防爆照明设备。

5）当燃气泄漏已发生爆炸或火灾时，先设法截断事故现场的气源，控制事故扩大，设置安全警戒区，确保安全范围内无人，在确保自身安全的前提下，积极配合公安、消防灭火，紧急疏散群众，抢救伤员。

6）入室作业抢修前应检测室内是否达到安全作业条件，穿工作服，禁止使用手机，缓慢开启窗户进行通风，严禁开启换气扇和排烟机等一切电源开关。

7）查找事故原因，找出泄漏点，如属于表前立管活接、三通、阀门损坏导致泄漏时应立即进行更换修复；如属于胶管老化破裂发生泄漏，应让用户立即更换胶管；如属于灶具开关未关闭，应对用户进行安全常识学习教育。

8）与用户燃具设施有关的事故，在关上燃气表控制阀或之前阀门或调压器的前提下，维持所有炉具原状，保护好现场，事故管理组上报有关部门组织进行调查处理。

9）作业完毕，对管道和设备进行全面检查和环境检测，消除隐患，及时向指挥中心汇报，根据指挥中心指令恢复供气。

8. 请求支援与联络方式

突发事故发生后，如本部门人力资源明显不足时，应立即向公司其他部门、公安、消防、医疗、物业、居委会等部门请求人力、技术和机械设备的支援。事故控制中心如果接到明确的一级险情信息，事故控制中心立即启动，发出一级险情警报，指挥中心及各事故应急管理小组立即同时投入运作，寻求配合抢险的施工单位做好抢险准备，随后将情况通知各部门经理、公安、消防、医疗、住建委、安监局、客户服务部、管网部、人行部、安全及风险管理部等各部门事故应急小组进入抢险状态（财务部立即安排仓管员到仓库待命，保证材料及时提取，随时准备与供应商联系，应对可能的抢险物资；风险管理部负责调度车辆处于应急状态、联络保险公司；人行部负责应对新闻媒体和接待政府部门、第三方援助单位）。

9. 紧急抢险记录

紧急抢险热线应将所有发生的燃气紧急抢险事故登记在紧急事件记录表上。紧急事件记录表内容包括：日期、时间、地点及紧急事件的举报来源、报讯者姓名及电话；接警时间及被派出抢险人员的姓名；通知其他抢险人员的时间及姓名；首先到达现场的抢险人员的姓名及时间；完成工作（抢修）的时间；曾采取的行动；抢险工作单号码；结束整项工作的日期。

10. 善后行动

突发事故消除后，部门突发事故处理小组负责对事故发生原因进行调查分析。分析内容包括：发生突发事故的原因；采取的行动及效果；如何防止事故的再发生。

抢险结束后，客户服务部进行总结分析，需按事故管理制度和总体预案的要求及时向安全及风险管理部提交事故调查报告。协同调度及热线中心做好事故准确信息的内外部沟通，包括受影响客户、政府、新闻媒体、内部员工，及时消除可能对公司造成的负面影响等。

11. 预案的培训与演习

本预案由客户服务部每半年进行一次桌面演练或实际演习，根据演习和工作实际，适时更新完善本预案。演习应有完善方案、演练过程及检讨等记录。

二、供应不足或中断专项应急预案

1. 风险隐患分析

造成供应不足或中断的主要原因：

1）上游供应单位出现紧急情况。

2）超负荷载重车辆致使燃气管线及阀门松动甚至断裂；腐蚀性化学物任意排放，侵蚀燃气管道。

3）施工破坏燃气管道；燃气管道自然腐蚀导致泄漏；调压设施失效、密封件老化。

可能产生的后果主要包括：

1）影响用户正常生产；

2）公司信誉和利润受损；

3）引起社会和公众不安。

2. 原则

（1）保供原则

按照“保民生、保供暖、保公用、保重点”的原则，利用历史数据、天气预报、用户用气需求等信息，结合缺口量综合分析供应风险。通过对工商业用户采取错时生产、限量供应、停止供应等方式实现量入为出、控量保压，以保障天然气管网运行安全为前提，优先保障居民生活和公共服务等民生用气。

（2）气源落实

积极争取上游气源，掌握准确的日用气批复计划，严格按照批复计划供气。

（3）智能监控

充分利用公司信息化管理平台，做好重点站点、用户的压力、流量监控，科学调配供气。

3. 组织架构与职责

成立公司供气保障领导小组，领导小组下设办公室，办公室设在管网运行部，负责领导小组决策事项的安排和部署，协调各相关部门落实管网调控、限供和复供等工作安排。

（1）组长职责

组长负责保供全面工作，宣布公司保供应急预案启动，批准重大应急决策；决定向上级及地方政府报告；落实上级领导批示及政府要求。

（2）副组长职责

副组长协助组长工作，听从组长工作安排，组织召开后续应急会议，部署和落实应急工作，协调和调动相关应急响应，及时向总指挥报告应急事件发展动态；负责各自分管工作的组织、实施，及时向组长汇报进展情况和遇到的问题，研究解决措施，完成各项工作。

（3）保供小组专员职责

保供小组专员负责保供整体工作的部署、落实和考核监督，协调公司各副组长及相关部门以冬季安全保供工作为核心，做好人力、物力和财力保障工作，及时向组长报告应急事件发展动态。

（4）气源调度员职责

气源调度员负责协调上游气源、联系用户和应急供应工作；审定限供状态下的限、减、停用户名单，组织统计和分析相关供、限、停气量数据；落实工商用户分时段供气工作；负责关于保供方面的对外解释、宣传工作；联系上游集团公司调度营销部。

（5）计量管理员职责

计量管理员负责做好公司管网输配能力分析，分析不同进、出口压力情况下的输气能力，为保压、提压提供指导意见；分析公司主要站点不同压力情况下的变动、联动关系、管存量变动情况；提出公司管网优化方案。

（6）运行管理员职责

运行管理员负责场站、管网设备设施的安全运维管理，安排做好供气设施、设备设施的定期巡查、维护和检测等；组织及时进行管网区域压力分析；组织落实限、减、停等应急处置工作。

（7）客户管理员职责

客户管理员负责组织核实各类用户用量抄收和统计分析工作，为保供调控决策提供依据；安排停供用户、张贴停/复气通知和组织安全复供工作，制订恢复供气工作方案；组织开展进社区保供安全宣传。

4. 预防与预警

（1）危险源管理

危险源检测、监控的方法和主要预防措施：定期和不定期检查、巡检；周期性泄漏测量，阴极保护系统性能检测，防腐层完整性检测；防雷防静电检测，SCADA 在线监测和外来施工现场监护等。此外，还可委托第三方的检测结果来验证公司的自检结果。发现的不足或安全隐患及时采取保护措施跟进整改，主要包括：清除、废弃或更换；漏点修复；管沟或护坡保护；做加强级防腐或加装阴极保护设施等。

（2）预警行动

接警后，首先通知事故发生部门经理，要第一时间安排进行确认。监护人员或现场人员确认事故险情后，要将事故情况及时报告事故发生部门经理和主管领导，部门经理或主管领导根据事故已造成的危害和发展趋势，以及可能造成的危害对事故进行综合评估，确定可能的事故级别，根据事故级别确定预警信息级别。

（3）信息发布

预警信息的发布、调整和解除可通过电话、网络信息方式进行。

5. 信息传递流程

（1）接警信息处理

值守电话接到报警或任何员工从任何渠道获悉任何紧急事故，应马上向事故部门经理报告，其报告内容应包括：信息来源；接到信息的时间；事故类型；事故发生的地点；事故现场简要情况，包括损坏程度及人员伤亡情况、周围受影响情况、可能需要的援助等；已通知的人员；已采取的措施等。

（2）事故信息报告

在事故信息得到确认后，接警人员将事故现场情况反映给事故部门经理后，部门经理需根据以下不同情况部署相关工作。

未遂事故：需通知相关人员及时做好现场复查确认工作。

事故：视情况逐级上报至组长/总指挥，授权后将等级事故信息通过微信、电话等方式传递给部门紧急应变组/公司应急指挥部各成员，各成员收到信息后要第一时间进行回复确认，并依据各自职责及时开展应急工作。

6. 应急响应

根据不同原因，应急响应程序主要分为以下 4 类情况。

（1）供气不足

如果上游持续限量，造成下游供气不足时，应根据用户的重要性，按照工业取暖锅炉→可中断工业用户→ 不可中断工业用户（压减量）→商业取暖锅炉→公福用户（学校、医院、幼儿园、养老院、福利院）的先后顺序分别关闭。如上述用户全部关闭后，仍然不能满足用气需求，则需上报并经上级单位、县政府供气保障领导小组同意，按照计划对壁挂炉集中小区分片区进行降压运行或分时段停供并启动应急处置程序。同时，应采取以下措施：对壁挂炉集中小区进行有计划的关停，提前张贴停/复气通知；停气信息报告公司领导、应急领导小组成员和安全及风险管理部；通过公司网站、微信向用户做节约用气的宣传；客户服务部、管网运作部做好复气准备工作；压力恢复后，第一时间安排关停小区的复气工作；书面汇报停气情况，调度及热线中心报公司应急领导小组。

（2）自然灾害等不可抗力造成供气中断

了解上游供气和下游用气客户用气情况，分析或评估可能造成的影响和后果；紧急协调上游其他供气单位气源，调整供应计划。做好气源配置和输送管线准备工作；积极沟通、协调相关部门和单位，了解最新气象和突发事件信息，制订进一步应对计划；启动后备气源，并积极协调其他供气单位增加天然气供应量；对供气不足或中断事件的发展趋势和可能发生的次生事故制定对策；及时告知相关用气客户做好停、限气等应急准备，合理调度管网供气和压力；根据现场情况决定是否请求本公司相关部门及施工队伍、公安、消防、医疗、交通等单位支援。

（3）设施故障造成供气中断

充分了解事故经过和诱因，掌握设施工艺情况和运行条件，制定初步修复方案；根据设施故障类型、性质，制定和实施修复方案；紧急协调上游其他供气单位气源，启动后备气源，调整供应计划，做好气源配置和输送管线准备工作；根据情况决定是否需要启动燃气设施损坏应急预案；及时告知相关用气客户做好停、限气等应急准备，合理调度管网供气和压力；根据情况决定是否需要启动燃气设施损坏应急预案。

按照“先生活后工业，先安全后生产，先重点后一般”的原则，制订客户停、限气计划并严格执行；对供气不足或中断事件的发展趋势和可能发生的次生事故制定对策；根据现场情况决定是否请求公安、消防、医疗、交通及本公司相关部门及施工队伍等单位支援。

（4）停止供气

停止向工业用户供气：当值调度员下达电话调度令，通知公司客户服务中心经理或网络部经理对各工业用户实施停止供气应急预案，停气时应当关闭客户用气进户阀门或专用调压器，并在阀门上加贴封条。对于工业用户，可视其具体情况在停气通知书或调度电话通知送达 3 h 内关闭进户阀门或专用调压器。

停止向商业用户供气：当值调度员下达电话调度令，通知公司客户服务中心经理和管网部经理对各商业用户实施停止供气应急预案，停气时应当关闭客户用气进户阀门和专用调压器，并在阀门上加贴封条。对于机关团体、餐饮、洗浴等商业用户，可在停气通知书或调度电话通知送达 1 h 内关闭进户阀门；对于采暖用户，可在停气通知书或调度电话中明确具体停止供气的时间。

对居民用户实行高峰定时供气：在采取上述措施后，仍不能保证正常供气时，改变供气方式，由原来的每天 24 h 供气改为对居民用户每天高峰期定时供气。具体操作程序如下：向住建委和县政府报告供气现状和将要采取的措施；通过电视、广播、报纸等媒体通知对居民用户实行定时供气；在居民用户用气高峰期（每天 6:00—7:30、11:30—12:30、16:30—18:30，按季节调整）仍然按原有供气指标供气。其余时段，控制低压管网压力在 1.0～1.5 kPa（100～150 mm 水柱）。

停止向局部区域居民用户供气：当采取上述措施后仍不能保证在 72 h 内恢复正常供气，且由于中压管网的压力过低导致支线调压站（柜）调压处于安全保护状态而不能正常启动时，由当值调度员下达电话调度令，通知公司客户服务中心经理和管网部经理对各支线调压站（柜）区域范围的住宅居民用户实施停止供气应急预案，停气时应当关闭客户用气进户阀门，并在阀门上加贴封条；同时通知公司管网管理中心经理对各支线调压站（柜）进行关闭。

7. 停供后恢复供气应急处置

发生居民小区停供预警前，立即启动公司保供应急处置工作，公司保障供气应急领导小组成员和各相关部门人员到位。根据上游来气和管道压力恢复情况，积极组织停供后的复气工作。

1）管网运行部在接到调度中心指令后，安排调压员前去关闭因管网供应不足导致受影响小区及工商业用户所属调压器，并确保在未恢复供气前所有受影响调压器处于关闭状态；

2）客户服务部在接到调度中心指令后，安排客服工作人员前去关闭因管网供应不足导致受影响小区用户及工商业用户的立管阀门，并张贴停/复气通知，做好现场通知及安全宣传工作；

3）调度中心根据城区管网压力情况以及上游气源供应情况并上报至应急小组领导，取得可以通气的指令后下达恢复供气指令；

4）管网运行部调压员前去所属调压器等待调度中心指令；

5）客户服务部制定复气工作方案，安排复气人员前去所有受影响的民用户及工商业户等待调度中心指令；

6）调度中心下达恢复供气指令，管网运行部缓慢开启调压器，并随时报告压力情况，压力恢复正常后报告至调度中心；

7）调度中心接到调压器压力恢复正常通知后，告知客户服务部复气人员开启立管阀门，并逐户进行恢复供气；

8）客户服务部完成全部民用户及工商业用户复气后报至调度中心；

9）做好调压器压力监控，加强附近管线巡查和供气应急防范工作；

10）调度中心做好相关记录并将情况上报至相关领导；

11）做好媒体舆情应对工作，统一对外解释口径，取得用户的理解；

12）组织进行调查分析，形成报告上报。

8. 组织、后勤保障

1）为保障调峰、错峰供气人员需要，积极开展机关支援一线活动。由办公室组织公司机关员工支援供气保障工作；组织8～10人到客户服务部、管网运行部配合开展调峰、限量、关停供气；对支援一线人员提前进行岗位培训，掌握岗位应知应会知识；客户服务部、管网运行部严格操作规程和停/复气操作程序，确保设备运行安全和安全复气。

2）财务部做好设备、管材的储备，尤其是易损、易坏器件的备品备料。

3）资讯管理处做好信息系统的完善和维护，保障公司SCADA站点监测数据的及时和准确。

4）风险部做好车辆和后勤保障工作，安排好应急值班司机和车辆。

9. 安全用气宣传

1）客户服务部积极开展进社区安全用气宣传，让更多的用户掌握安全用气常识，养成节约用气习惯；

2）人行部利用公司网站、微信公众号，鼓励广大用户响应公司错峰用气号召，使用壁挂炉取暖的市民，在高峰时段要低温运行或暂时停止使用，以共同应对供气高峰，保障供气、用气安全；

3）管网运行部加强场站、管网的巡查、检查、维护，提前做好应急预案，加强作业活动管理，严格操作维护规程。

三、燃气设施损坏事故专项应急预案

1. 风险隐患分析

（1）危险源及危险程度

第三者破坏、操作不当、上游调压设施损坏造成压力等级高的燃气进入压力等级低的运行系统造成设施超压损坏、设施超期服役损坏等均能造成突发事故，燃气设施损坏可能导致设备切断、超压、欠压等情况。

（2）事故的诱因、影响范围及后果

调压设施失效、密封件老化；操作不当、上游调压设施损坏；设施超期服役损坏等均能造成突发事故。管网设施发生严重故障后，如果是区域调压站，可能会导致大面积用户供气压力不稳定，甚至导致停供；如果是客户调压箱，会导致用户供气压力不稳定或者停供。

（3）相应的事故预防和应急措施

为防止设施损坏造成突发事故，燃气公司对场站阀门、调压设施、客户调压设施进行定期保养；对管网及设施进行定期或不定期检查、巡检；若发现设施损坏突发事故发生泄漏事故，根据现场情况，立即组织人员进行维修，并及时向有关主管及领导汇报启动相应应急预案。

2. 组织架构及职责

（1）组织架构

公司设应急指挥部，各部门设紧急应变组，下设现场处置应急组、抢修应急组和综合应急组。发生此类事故后，前期主要由事故发生部门负责现场处置，然后根据事故级别上报，由总指挥或紧急应变组组长确定并启动相应事故应急预案。

应急指挥部/紧急应变组架构图参照公司紧急应变计划和相关部门综合应急预案。

（2）总指挥职责

总指挥的职责是在公司紧急控制中心负责应急事件的全面指挥；在紧急发布警报后，确保应急管理小组及时到达指定现场，如有需要，在公安及消防的协助下通知受影响的员工和群众；推测及评估事态的发展；安排记录整个事件的处理过程；与应急小组的组长、公安、消防随时保持通信联系，第一时间了解事态的发展情况；确定事件或危机排除，恢复正常的工作秩序。

（3）副总指挥职责

副总指挥的职责是协助总指挥全面开展工作；与总指挥一起，评估紧急事件的等级及潜在的危险和影响，并确定下一步的行动；为总指挥提供现场处置建议；组织对外联络及信息发布，协调调度中心和外围工作。

（4）现场指挥职责

现场指挥的职责是协助总指挥在紧急事件过程中的全面工作；总指挥不在时，担任总指挥的工作完成任务；统一指挥协调通信联络组、疏散引导组、安全搜查组的整体合作性；下达总指挥的指示及时到位，及时反馈总指挥在行动中遇到的意外状况，并记录整个处理过程。根据事故性质，应及时向当地政府主管部门、公安、消防机关按规定报告事故情况。

（5）现场处置组职责

现场处置组的职责是负责与总指挥、风险管理部经理、公安、消防和外界的联系，听从总指挥/组长的统一指挥，依指令行动；电话保持畅通，随时保持与总指挥、其他联络组的联系，以及外部的通信联系。组织设置现场警戒，并保持救援通道畅通，保证救援人员及车辆进入事故现场。疏散现场受影响人员和无关人员等。配合消防、公安、交警等救援单位工作。负责事故抢修完成后的现场清理、排查和巡查等跟进工作。

（6）抢修应急组职责

抢修应急组的职责是听从总指挥/组长的统一指挥，进行现场抢险维修；迅速调集抢修队伍携带抢修设备和器具进入事故现场。组织相关人员按不同类型事故进行必要、力所能及的抢险救援工作。负责组织保护事故现场及相关物证和数据，配合调查组进行调查、取证。负责协助医疗救护队抢救伤员。

（7）综合应急组职责

综合应急组的职责是做好抢险应急人员、车辆、设备、材料和资金等保障工作，做好现场人员生活后勤保障等工作；听从总指挥/组长指令，请求社会力量实施救援。检查督促应急工作现场安全及环保措施落实情况。负责现场受伤、中毒人员的抢救、护送转院及其他善后事宜。采集事故现场音像资料并整理和保管，向新闻媒体披露事故有关的信息。

3. 预防与预警

（1）危险源管理

危险源检测、监控的方法和主要预防措施：定期或不定期检查、巡检；周期性泄漏测量，阴极保护系统性能检测，防腐层完整性检测；防雷防静电检测，SCADA 在线监测和外来施工现场监护等。此外，还可委托第三方的检测结果来验证公司的自检结果。发现的不足或安全隐患及时采取保护措施跟进整改，主要有：清除、废弃或更换；漏点修复；管沟或护坡保护；做加强级防腐或加装阴极保护设施等。

（2）预警行动

接警后，首先通知事故发生部门经理，要第一时间安排进行确认。监护人员或现场人员确认事故险情后，要将事故情况及时报告事故发生部门经理和主管领导，部门经理或主管领导根据事故已造成的危害和发展趋势，以及可能造成的危害对事故进行综合评估，确定可能的事故级别，根据事故级别确定预警信息级别。

（3）信息发布

预警信息的发布、调整和解除可通过电话、网络信息方式进行。

4. 信息传递流程

（1）接警信息处理

值守电话接到报警或任何员工从任何渠道获悉任何紧急事故，应马上向事故部门经理报告，其报告内容应包括：信息来源；接到信息的时间；事故类型；事故发生的地点；事故现场简要情况，包括损坏程度及人员伤亡情况、周围受影响情况、可能需要的援助等；已通知的人员；已采取的措施等。

（2）事故信息报告

在事故信息得到确认后，接警人员将事故现场情况反映给事故部门经理后，部门经理需根据以下不同情况部署相关工作。

未遂事故：需通知相关人员及时做好现场复查确认工作。

事故：视情况逐级上报至组长/总指挥，授权后将等级事故信息通过微信、电话等方式传递给部门紧急应变组/公司应急指挥部各成员，各成员收到信息后要第一时间进行回复确认并依据各自职责及时开展应急工作。

5. 应急响应

当发生事故时，根据事故警报级别，相关人员接到启动专项应急预案或公司《综合应急预案》的指令后，依据相关预案要求和现场情况均需采取必要的处置措施。

当发生事故时，最先到达现场的应急人员，初步判定事故情况后，马上向生产运行部经理及主管领导报告启动相应级别的事故预案。依据相关预案要求和现场情况采取必要的处置措施，控制局面，防止事故的蔓延和扩大。

根据不同种类燃气设施的损坏，分以下 4 种情况进行说明：

（1）高压管网天然气设施损坏

了解现场情况、人员伤亡情况，分析或评估可能造成的影响和后果；掌握现场设施工艺情况和运行条件，制订初步控制措施。划定封闭控制区域；根据周边居民分布状况和交通管制情况，采取疏散和控制措施；对管道事件的发展趋势和可能发生的次生灾害制订对策；及时告知上下游供气单位和用户，合理调度管网供气和压力，如有必要，应停止该段供气；如果引起管网压力下降或供气中断，执行《燃气供应不足或中断应急预案》；如果出现着火、爆炸、燃气泄漏，执行《管网专项应急抢险预案》；根据现场情况决定是否请求本公司相关部门及施工队伍、公安、消防、医疗、交通等单位支援。

（2）中压管网天然气设施损坏

了解现场情况、人员伤亡情况和可能造成的影响与后果；掌握现场设施工艺情况和运行条件，制订初步控制措施，划定封闭控制区域；根据周边居民分布状况和交通管制情况，采取疏散和控制措施；对管道事件的发展趋势和可能发生的次生灾害制定对策；与管网供气调压场站或区域调压箱密切配合，合理调度管网供气和压力，如有必要，应停止该段供气；如果引起管网压力下降或供气中断，执行《燃气供应不足或中断应急预案》；如果出现着火、爆炸、燃气泄漏，执行《管网专项应急抢险预案》；根据现场情况决定是否请求本公司相关部门及施工队伍、公安、消防、医疗、交通等单位支援；根据事故类型、性质，紧急应变管理组/小组还可现场制订相应的应急处置方案并实施。

（3）场站天然气设施损坏

了解现场情况、人员伤亡情况和可能造成的影响与后果；准确判断场站天然气设施的损坏程度和位置，掌握场站险情的变化，做好应对措施；掌握现场设施工艺情况和运行条件，制订初步控制措施，划定封闭控制区域；根据场站供气现状，制订紧急供气方案，保证下游客户的正常用气；对管道事件的发展趋势和可能发生的次生灾害制订对策；和其他来气管网密切配合，合理调度管网供气和压力；如果引起管网压力下降或供气中断，执行《燃气供应不足或中断应急预案》；如果出现着火、爆炸、燃气泄漏，执行《管网专项应急抢险预案》；根据现场情况决定是否请求本公司相关部门及施工队伍、公安、消防、医疗、交通等单位支援；根据事故类型、性质，紧急应变管理组/小组还可现场制订相应的应急处置方案并实施。

（4）客户天然气设施损坏

了解现场情况、人员伤亡情况和可能造成的影响及后果；充分了解事故经过和诱因，掌握现场设施工艺情况和运行条件，划定封闭控制区域，制订初步控制措施和针对性修复方案；对客户突发事件的发展趋势和可能发生的次生灾害制订对策；保证现场秩序，安全快速地疏散现场无关人员至安全区域，检测事故现场；燃气浓度，确定警戒范围，标明警戒区域，保证救援通道顺畅、抢险物资和伤员的顺利进出，禁止无关人员通行或靠近；如果出现着火、爆炸、燃气泄漏，执行《管网专项应急抢险预案》；根据现场情况决定是否请求公安、消防、医疗、交通、本公司相关部门及施工队伍等单位支援；根据事故类型、性质，紧急应变管理组/小组还可现场制订相应的应急处置方案并实施；对事故原因进行调查，查明事故性质和责任，总结事故教训，提出整改措施。

6. 应急响应终止

当事故现场得到有效控制，导致次生、衍生事故的隐患消除，由总指挥/紧急应变组组长宣布解除紧急警报，应急响应终止。事故上报事项按照公司《事故呈报制度》执行。事故发生部门收集事故情况资料，以向事故调查组移交。

7. 后期处置

（1）善后处置

应急处置结束后，做好对受伤人员，以及紧急征用的设备、物资按照规定给予补助或补偿，并协助做好现场和正常生产秩序恢复等工作。

（2）伤员后续救治及财物损失理赔

由相关部门依据职责处理或由总经理作出相应安排。

（3）事故调查及报告

应急处置结束后，协助公司应急指挥部或紧急应变组做好事故现场的勘察、警戒和事故原因的调查取证工作。将有关文件上报公司安全生产应急领导小组，为事故处理提供事实依据。

（4）事故总结和责任认定

事故得到控制后，由公司组织人员对事故进行总结和责任认定，总结工作包括：调查事故的发生原因和性质，评估事故的危害范围和危险程度，查明人员伤亡情况，影响和损失评估、遗留待解决的问题等。

应急过程的总结及改进建议，如应急预案是否科学合理，应急组织机构是否合理，应急队伍能力是否需要改进，响应程序是否与应急任务相匹配，采用的监测仪器、通信设备和车辆等是否能够满足应急响应工作的需要，采取的防护措施和方法是否得当，防护设备是否满足要求；防止以后不发生类似事件，对现有管理、操作等方面进行改进的措施。

（5）信息发布

当发生严重事故时，所有员工（除获得公司授权人士外）须遵守公司的管理制度，不得随意向外界发布任何消息，以免传出不正确的数据，误导他人。员工不得对媒体或客户的提问发表个人意见。应该将所有公众查询转介至事故信息发布部门。

在发生重大事故后，事故信息发布部门负责起草新闻稿，做好新闻采访的准备工作。风险管理部负责向燃气主管部门和安监局等政府有关部门汇报。事故信息发布部门应及时将采集到的事故现场音像资料整理，经应急指挥部总指挥或副总指挥批准后，准确地向新闻媒体通报事故信息。

公司新闻发言人由总经理指定。其他人员（包括指挥部其他成员）不得对外发布事故信息。

当公司确定数据的可信性以及对事故的立场后，公司须就事故本身发出特别内部通告，通告由总经理或有关部门经理向其属下发布。

8. 应急保障

（1）应急救援器材

事故应急救援中的器材准备由管网部、客服部具体进行采购，应以满足救援中的现场实际需要为标准。救援器材平时的保管、存储和保养由现场处置应急组具体负责，抢险队协助并作保养中的技术指导工作。

（2）经费

救援经费应由平时救援训练经费和救援行动经费组成，在制订资金使用计划时必须确保应急救援经费的来源、额度。

（3）人员

应按照专业分工本着专业对口、便于领导、便于集结和开展救援的原则进行组织。领导机构人员应有一定权威并熟悉本企业系统情况，有一定灾害治理经验，以确保迅速、正确做出判断和决策。调度室值班人员负责应急救援情况的联络及指令的传达，保证领导机构同各小组之间、本企业与上级和兄弟单位之间信息的及时准确沟通，完成调度、汇报、通告、求救工作。抢险队伍是处理紧急事故的快速反应突击队，负责事故抢救和灭灾工作，应有完善的装备和严密的组织。

（4）制度保障

设立 24 h 值班制度，安全检查制度，结合生产情况，定期或不定期开展安全隐患检查活动，定期检查应急救援工作情况。例会制度，每月召开一次安全生产主题例会，汇报上一阶段的安全生产和救援工作情况，布置下一阶段的安全和救援工作等。

第四节　现场处置方案

按照各职能部门的工作属性及特点，通常将现场处置方案按部门分为两种，即工程部现场处置方案和管网运行部现场处置方案。以下针对两种现场处置方案分别进行详细描述。

一、工程部现场处置方案

1. 主要危险、危害因素

燃气工程施工是在全天候各类地理环境进行的管道及设备施工，施工过程中由于存在人的不安全行为、物的不安全状态、管理缺陷等因素，会造成人员受伤、触电、火灾、爆炸、机械伤害、沟槽坍塌、人员窒息等危险后果，进而导致人员伤亡、财产损失等严重后果。往往危害发生后，对人员的及时施救和防止损失继续扩大是应急处置的重点。

2. 危险因素识别

（1）触电

触电事故发生因素，主要包括以下情况：拉临时线路，作业现场混乱；没有设置必要的安全保护装置，如保护接地、漏电保护器等；电气设备运行管理不当，安全管理制度不完善，没有必要的安全组织措施；专业电工或机电设备操作人员的操作失误或违章作业；人员意外接近高低压带电设备，造成触电伤亡事故。

（2）高处坠落

高处坠落事故发生因素，主要包括以下情况：施工人员高处作业时违规操作、带病操作、受高温等灾害天气影响保护不当，可能造成高处坠落；高处施工人员有恐高症、高血压等疾病，登高维修标牌等；高处施工人员过度疲劳或酒后作业；高处施工人员没有使用安全带等劳动防护用品；作业人员配备的劳动防护用品失效；高处施工场所无防护栏杆或防护栏杆不牢。

（3）沟槽坍塌

沟槽坍塌事故发生因素，主要包括以下情况：为了节省土方，边坡坡率过陡（不符合规范规定）或没有根据槽深和土质特性建成相应坡率的边坡，致使槽帮失去稳定性而造成塌方；在有地下水作用的土层或有地面水冲刷槽帮时，没有预先采取有效的排、降水措施，土层浸湿，土的抗剪强度指标凝聚力 c 和内摩擦角 β 降低，在重力作用下，失去稳定性而塌方；槽边堆积物过高，负重过大，或受外力振动影响，使坡体内剪切力增大，土体失去稳定性而塌方；土质松软，挖槽方法不当而造成塌方。

（4）物体打击、机械及起重伤害

物体打击、机械及起重伤害事故主要是由于高处作业人员在作业时使用的工具及其他物件坠落，造成下方人员伤害；施工人员操作失误；施工队没有制定必要的劳动保护措施。

（5）火灾

火灾事故主要是由于在施工过程中存在动火作业，明火引燃易燃品，发生火灾事故；库存的易燃品遇明火可能发生火灾。

（6）中暑

高温天气下施工人员施工存在中暑的安全隐患。

（7）中毒、窒息

由于燃气施工的特殊性，施工人员在施工过程中存在中毒、窒息的安全隐患。

3. 事故危险后果分析

工程部在建工程一旦发生安全事故，将有可能伤及人身安全和健康、损坏设备设施、造成经济损失、对公司形象造成较大损伤，甚至导致公司工程建设暂时中止或永远终止。

（1）触电

触电事故的后果主要包括电击和电伤两种情况。

电击是电流通过人体内部，使人体组织受到伤害。这种伤害的危险性很大，会使人的心脏、呼吸机能和脑神经系统都受到损伤，甚至导致死亡。

电伤是电流对人体外部造成的伤害，有烧伤、电烙印和皮肤金属化等几种伤害，电伤比电击对人体的伤害要小一些。

（2）高处坠落

人们从高处坠落时，由于受到高速的冲击力，人体组织和器官受到一定程度的破坏而引起损伤。常见于建筑工人、儿童等。高空坠落时，足或臂着地，外力可沿脊柱传导而导致颅脑。由高处仰面跌下时，背或腰部受冲击，易引起脊髓损伤。脑干损伤时可引起意识障碍、光反射消失。

（3）沟槽坍塌

沟槽坍塌通常会造成人员伤亡；材料、物资的损坏或损失；影响周边生产生活环境。

（4）物体打击、机械及起重伤害

物体打击、机械及起重伤害通常会造成人员伤亡；人为乱扔废物、杂物伤人；设备带病运转伤人；设备运转中违章操作；安全水平兜网、脚手架上堆放的杂物未经清理，经扰动后发生落体伤人；模板拆除工程中，支撑、模板伤人。

（5）火灾

发生火灾时，通常会毁坏财物，易造成巨大的财产损失；残害人类生命；破坏生态平衡；引起不良的社会影响和政治影响。

（6）中暑

根据症状的轻重，高温中暑可分为先兆中暑、轻症中暑、重症中暑。中暑可以导致死亡。

先兆中暑是指在高温环境中一段时间后，出现轻微的头晕、头痛、耳鸣、眼花、口渴、全身无力及步态不稳；轻症中暑是指除先兆中暑的症状外，还会有体温升高，面色潮红，胸闷、皮肤干热，或有面色苍白、恶心、呕吐、大汗、血压下降、脉搏细弱等症状；重症中暑是指除以上症状外，常出现突然昏倒或大汗后抽搐、烦躁不安，口渴、尿少、昏迷等症状。

（7）中毒、窒息

中毒根据中毒严重程度，分为以下 3 种。

1）轻度中毒：主要表现为头痛、头晕、恶心、有时呕吐。

2）中度中毒：除上述症状外，初期可有多汗、烦躁、脉搏快、很快进入昏迷状态。

3）重度中毒：吸入高浓度一氧化碳，突然昏倒，迅速进入昏迷状态。

4. 组织架构及职责

（1）应急组织架构

应急组织架构一般由组长、副组长、组员组成。其中，组长由总监及以上级别人员担任，副组长由经理（副经理）级别人员担任，组员由技术员、安全员担任。

（2）组长职责

组长的职责主要包括应急抢险总指挥、审查批准启动应急预案；指挥及控制应急抢险工作，保证采取迅速、正确的行动来处理灾情；评估应急事件的严重性以及潜在的危险或影响，并确定采取适当的行动；协调公司相关部门积极配合；及时向上级汇报抢险救援及事故处置进展情况。

（3）副组长职责

副组长的职责主要包括协助组长履行相关职责；制订重大应急抢险措施，现场指挥抢险救援；事故现场的勘察，跟进事故原因的调查及处理；及时向上级汇报抢险救援及事故处置进展情况。

（4）组员职责

组员的职责主要包括接到事故报告后，立即赶往事故现场；设置警戒及维护秩序；现场应急处置；设立安全地点，组织人员疏散、撤离；初期事故情况了解、评估；协助事故现场恢复工作；事故调查；协调消防、公安、医疗及相关部门的应急处置。

5. 应急处置措施

（1）触电

<table>
<tr><th>处置、操作步骤</th><th>注意事项</th><th>负责人</th></tr>
<tr><td>1）抢险领导小组接到工地人员触电事故汇报后，立即启动抢险救援预案</td><td rowspan="13">1）发现有人触电应设法使其尽快脱离电源。
2）使触电人脱离电源的同时，还应防止触电人脱离电源后发生二次伤害。例如，应采取措施预防触电人在解脱电源时从高处坠落。
3）使触电人脱离电源后，若其呼吸停止，心脏不跳动，必须立即就地进行抢救。
4）救护工作应持续进行，不能轻易中断。
5）如触电人触电后已出现外伤，处理外伤不应影响抢救工作。
6）夜间发生触电事故时，切断电源会同时使照明失电，应考虑切断后的临时照明，如应急灯等，有利于救护。
7）当抢救者面色好转、嘴唇逐渐红润、瞳孔缩小、心跳和呼吸恢复正常，即表明抢救有效</td><td rowspan="13">部门领导</td></tr>
<tr><td>2）指令各抢险人员车辆、设备进入现场</td></tr>
<tr><td>3）现场负责人在事故出现后应立即将触电者脱离电源</td></tr>
<tr><td>4）如果触电地点附近有电源开关或插销，可立即拉开开关或拔出插销，断开电源</td></tr>
<tr><td>5）如果触电地点附近没有电源开关或电源插销，可用带绝缘柄的电工钳或斧头切断电线</td></tr>
<tr><td>6）如电线搭落在触电者身上或被压在身下，用干燥的衣服、手套等绝缘物拉开触电者</td></tr>
<tr><td>7）如事故发生在线路，可抛掷临时接地线使线路短路并接地，迫使速断保护装置动作，切断电源</td></tr>
<tr><td>8）如果以上办法无法使触电者脱离电源，应立即通知前级停电</td></tr>
<tr><td>9）当触电者脱离电源后，应根据触电者具体情况，迅速救治</td></tr>
<tr><td>10）如触电者神志清醒，但心慌且四肢无力，应使触电者勿走动，请医生治疗或送往医院</td></tr>
<tr><td>11）如果触电者已失去知觉，应使触电者安静平卧，请医生治疗或送往医院</td></tr>
<tr><td>12）如果触电者呼吸或心跳停止，应进行人工呼吸和胸外挤压急救，请医生治疗或送往医院</td></tr>
<tr><td>13）抢险救援结束后，对事故致因的情况进行拍照或直接保存，以供调查事故原因</td></tr>
</table>

（2）高处坠落

<table>
<tr><th>处置、操作步骤</th><th>注意事项</th><th>负责人</th></tr>
<tr><td>1）抢险领导小组接到高空坠落事故汇报后，迅速判断抢险救援级别，启动抢险救援程序</td><td rowspan="7">1）去除伤员身上的用具和口袋中的硬物。
2）在搬运和转送过程中，颈部和躯干不能前屈或扭转，而应使脊柱伸直，绝对禁止一个抬肩一个抬腿的搬法，以免发生或加重截瘫。
3）颌面部伤员首先应保持呼吸道畅通，清除移位的组织碎片、血凝块、口腔分泌物等，同时松解伤员的颈、胸部纽扣。
4）复合伤员要求平仰卧位，保持呼吸道畅通，解开衣领扣。
5）快速平稳地送往医院救治</td><td rowspan="7">部门领导</td></tr>
<tr><td>2）现场负责人应将伤员迅速转移至安全处救治，严防高处坠物伤人</td></tr>
<tr><td>3）如果伤员未严重伤及头部，神志清醒，只是伤口快速出血，需立即进行止血和包扎。如果头、颈、四肢动脉大血管出血，用压迫止血法，即用手指或手掌用力压紧靠近心脏一端的动脉跳动处，并把血管压紧在骨头上，能起到临时止血的效果；也可采用橡皮管、纱布、毛巾等代替止血带止血。如果是小血管或毛细血管出血，用加压包扎止血法，即用消毒纱布敷在伤处，用绷布扎紧以达到止血目的。有外伤的伤员经过止血后，要立即用急救包、纱布、绷带或毛巾等包扎起来。如果是头部或四肢外伤，一般用三角巾或绷带包扎，也可用衣服、毛巾等代替物</td></tr>
<tr><td>4）如果伤员受伤部位出现剧烈疼痛、肿胀、变形以及不能活动等现象，就可能发生了骨折。这时必须利用一切可以利用的条件，迅速、及时而准确地给伤员进行临时固定</td></tr>
<tr><td>5）在现场紧急包扎、固定后，应立即送伤员去医院诊治</td></tr>
<tr><td>6）如果高处坠落者伤势严重，呼吸停止或心跳停止，应立即进行人工呼吸和胸外挤压急救，并速拨打“120”急救电话</td></tr>
<tr><td>7）抢险救援结束后，派专人保护现场，以备事故调查人员取证</td></tr>
</table>

（3）沟槽坍塌

<table>
<tr><th>处置、操作步骤</th><th>注意事项</th><th>负责人</th></tr>
<tr><td>1）抢险领导小组接到塌方事故汇报后，根据前方项目人员发回的事故大概情况确定抢险级别，立即启动塌方事故抢险预案</td><td rowspan="5">1）在抢救过程中，应注意坍塌处土层稳定性，必要时应及时采取措施加固土层。
2）抢救时应注意抢救人员或器械在操作时，避免动作过大，防止干扰土层。
3）若受伤者伤势严重，不要轻易移动伤者。
4）去除伤员身上的用具和口袋中的硬物，注意不要让伤者再受到挤压</td><td rowspan="5">部门领导</td></tr>
<tr><td>2）如果塌方事故中有人被埋，应立即救援</td></tr>
<tr><td>3）塌方沟槽较深时，应注意二次塌方造成更大的人员伤亡，边做边坡或支撑，边挖掘土方救人。塌方量较大时，如附近有挖掘机械，可紧急借用挖掘机械挖掘。挖掘时应准确控制深度，离被埋人身体半米左右时，应用人工挖掘，以防被埋人受机械伤害。当沟槽较浅或塌方量较小时，立即安排现场工人用镐、锹等工具刨掘。挖到人肢体时，应顺身体方向先挖掘头部泥土。头部露出后迅速清理被埋者口鼻中泥土，使其呼吸顺畅，再挖掘其他部分。如果被埋人挖出后，呼吸或心跳停止，应立即清理其口鼻泥土后做人工呼吸和胸外挤压急救</td></tr>
<tr><td>4）不管被埋人情况如何，一旦发生塌方事故，应立即拨打“120”急救电话</td></tr>
<tr><td>5）救援结束后，保护现场，以便调查人员进入取证</td></tr>
</table>

（4）物体打击、机械及起重伤害

<table>
<tr><th>处置、操作步骤</th><th>注意事项</th><th>负责人</th></tr>
<tr><td>1）一旦有事故发生，首先要高声呼喊，通知现场人员，马上拨打“120”急救电话，并向应急抢险领导小组汇报</td><td rowspan="3">1）若受伤者伤势严重，不要轻易移动伤者</td><td rowspan="3">部门领导</td></tr>
<tr><td>2）事故发生后，马上组织抢救伤者，首先观察伤者受伤情况、部位，工地卫生员做临时治疗</td></tr>
<tr><td>3）重伤人员应马上送往医院，一般伤员在等待救护车时，门卫要在大门口迎接救护车，最大限度地减少人员和财产损失</td></tr>
</table>

续表

处置、操作步骤	注意事项	负责人
4）当发生物体打击事故后，尽可能不要移动伤者，尽量当场施救。抢救的重点放在颅脑损伤、胸部骨折和出血上进行处理	2）去除伤员身上的用具和口袋中的硬物，注意不要让伤者再受到挤压	部门领导
5）当发生物体打击事故后，应马上组织抢救伤者，首先观察伤者的受伤部位、伤害性质，如伤员发生休克，应先处理休克。遇呼吸、心跳停止者，应立即进行人工呼吸和胸外心脏按压。处于休克状态的伤员要让其安静、保暖、平卧、少动，并将下肢抬高约 20°，尽快送往医院进行抢救治疗		
6）出现颅脑损伤，必须维持呼吸道通畅。昏迷者应平卧，面部转向一侧，以防舌根下坠或分泌物、呕吐物吸入，发生喉阻塞。有骨折者，应进行初步固定后再搬运。遇有凹陷骨折、严重的颅底骨折及严重的脑损伤症状出现，创伤处用消毒的纱布或清洁布等覆盖伤口，用绷带或布条包扎后，及时送往就近有条件的医院治疗		
7）如果处在不宜施工的场所时必须将伤者搬运到能够安全施救的地方，搬运时应尽量多找一些人来搬运，观察伤者呼吸和脸色的变化，如果是脊柱骨折，不要弯曲、扭动伤者的颈部和身体，不要接触伤者的伤口，要使伤者身体放松，尽量将伤者放到担架或平板上进行搬运		
8）救援结束后，保护现场，以便调查人员进入取证		

（5）火灾

处置、操作步骤	注意事项	负责人
1）现场工作人员应立即展开扑救防止火势蔓延，并立即通知火灾应急领导小组，必要时应及时报告公司火灾应急领导小组，并通报本单位进行救援、抢险和处理情况		部门领导

续表

处置、操作步骤	注意事项	负责人
2）应急领导小组在接到险情通知后，应迅速进入各自工作岗位组织扑救，应急抢险队按各自分工制订临时应急处理措施，协调做好救援、抢险和应急处理工作，防止事故的蔓延、扩大	1）参加火灾救援人员必须佩戴和使用符合要求的防护用品，严禁救援人员在没有采取防护措施的情况下盲目救援。根据火情、火势情况选择合适的抢险救援器材。 2）先抢救受伤人员，防止事故扩大	部门领导
3）在扑救火灾的过程中，始终坚持救人第一的原则，严禁因拯救物资而置生命于不顾；应根据伤势或中毒情况，立即将伤员抬离现场，实施必要急救措施后拨打 120 急救电话		
4）本着“先控制后灭火”的原则立即实施灭火，就近利用消防水源和灭火器材迅速扑救火灾，防止火势蔓延。发生火灾后应立即切断电源，以防止扑救过程中造成触电；如电器起火应首先切断电源再组织扑救；在火灾现场如有易爆物质，首先转移该物质以防止爆炸的发生；如精密仪器起火应使用二氧化碳灭火器进行扑救；如油类、液体胶类发生火灾应使用泡沫灭火器或干粉灭火器，严禁使用水进行扑救		
5）如果火势无法控制，应拨打“119”进行报警，报警时一定要讲清发生火灾的地点、着火材料、面积并留下报警人电话；报警后，报警人到马路上等候消防车的到来并做好向导工作		
6）控制车辆和无关人员进入失火区域，通知有关人员清理周围停放车辆，把附近居民疏散到安全地带，并进行警戒维护		
7）火灾扑救完毕，现场进行洒水，确定再无烟后，抢险救援完毕，调查取证结束后，清理现场		

（6）中暑

<table>
<tr><th>处置、操作步骤</th><th>注意事项</th><th>负责人</th></tr>
<tr><td>1）如现场作业人员出现先兆中暑或轻度中暑时，应对其迅速处理采取急救，同时汇报部门主任及公司抢险小组</td><td rowspan="8">1）对于先兆中暑、轻症中暑的患者，应将其迅速脱离高温环境，转移至阴凉通风处休息或平躺，解开衣裤以利于呼吸和散热。给予口服糖盐水、人丹、藿香正气水，涂擦清凉油、万金油在风池、太阳穴、足三里等穴位。
2）对于重症中暑的患者，除采取以上措施外，还应采取以下的急救措施：
①将患者移至空调室内，或者可在室内放置冰块、电风扇，尽快使室温降至25℃以下。
②用凉水或酒精淋浴，用冷水毛巾敷头部，也可在头部、腋窝、腹股沟等处放置冰袋。
③保持呼吸道畅通，改善缺氧。大脑未受严重损害者多能迅速清醒。
④在采取以上各种措施的同时，应尽快拨打120急救电话，送往就近医院治疗</td><td rowspan="8">部门领导</td></tr>
<tr><td>2）迅速将中暑者移至阴凉、通风的地方，同时垫高头部，解开衣裤，以利于呼吸和散热</td></tr>
<tr><td>3）将湿毛巾置于中暑者头部、腋窝、大腿根部等处。当中暑者能饮水时，可给中暑者大量饮水，水内加少量食盐。当中暑者呼吸困难时，应进行人工口对口呼吸</td></tr>
<tr><td>4）暂停现场作业，对场所通风降温设施等进行检查，采取有效措施降低环境温度</td></tr>
<tr><td>5）如出现重度中暑、中暑人数较多或病情较重时，领导小组成员应立即赶赴现场</td></tr>
<tr><td>6）将所有中暑人员立即抬离工作现场，移至阴凉、通风处，并联系医护人员。病情严重者立即联系车辆，并由医护人员边抢救边护送至医院。必要时可拨打120急救电话</td></tr>
<tr><td>7）暂时停止现场作业，对工作场所的通风降温设施等进行检查，找出中暑原因并采取有效措施降低工作环境温度，确保设备机组安全运行</td></tr>
<tr><td>8）危急状态消除，由领导小组宣布应急行动结束，认真做好事故后的善后工作</td></tr>
</table>

（7）中毒、窒息

处置、操作步骤	注意事项	负责人
1）现场人员对中毒人员加强监护，观察其病情的发展，如确定中毒，立即报告上级领导，启动应急预案，采取抢救措施，不得盲目施救，同时要拨打120急救电话	1）及时将中毒人员移至空气清新的空旷地区，必要时进行人工呼吸。 2）事故发生后，视情节严重程度，必要时马上拨打“120”急救电话	部门领导
2）应急指挥小组在接到事故信息后，应迅速赶赴事故现场，针对事故危害程度、影响范围及时确定应对方案，按规定将事故分为不同等级，按照分级负责的原则，明确应急响应级别，在启动应急预案的同时，准确判断事故发生情况及救援要求，及时向上级或专业救援机构求援		
3）应急救援抢救组到达事故现场后，应马上对沟槽或管井内进行空气成分监测（如将四合一气体检测仪用绳索缓慢放至沟槽内，报警响起时提回地面，观察气体含量）		
4）如果有毒有害气体的浓度太高，要马上进行局部强力通风；如果有毒有害气体的含量已降至允许浓度时，可立即进行抢救；如果局部有毒有害气体含量无法降至安全允许浓度时，救援人员必须佩戴氧气呼吸器		
5）应急指挥小组成员、应急救援抢救组的成员要协助医务人员根据中毒特征判定中毒根源，采取相应的急救方法进行必要的现场急救，并将中毒人员立即送往医院		
6）危急状态消除，由领导小组宣布应急行动结束，认真做好事故后的善后工作		

6. 其他注意事项

（1）佩戴个人防护器具

进入现场操作，抢险人员，穿戴好劳动保护用品；进入有可能带电环境的人员，必须戴绝缘手套，穿绝缘靴；进入有毒气体环境，佩戴正压式空气呼吸器。

（2）使用抢险救援器材

抢险过程中采用防爆工具；在验明线路有无电压时要选择相应等级的验电器。

（3）采取救援对策或措施

进入现场抢险前，先切断事故设备电源，防止触电；进入着火现场人员必须位于着火点的上风口；施工现场应做好警戒，防止油品泄漏引起火灾；现场施工时，油气要严格检测，防止危险发生。

（4）现场应急处置能力确认和人员安全防护

应急操作及抢险人员要具备相应的岗位知识。

（5）应急救援结束后的注意事项

应急救援结束后，加强巡检，防止残油复燃。

（6）行为要求

应急人员严禁携带火种及易燃易爆物品；现场禁止使用手机、摄影摄像设备。

二、管网运行部现场处置方案

1. 主要危险、危害因素

燃气管网运行是在全天候各类地理环境进行的工作，运行管理过程中由于存在人的不安全行为、物的不安全状态、管理缺陷等因素，会发生燃气泄漏着火、高处坠落、中毒窒息、触电等事故，进而导致人员伤亡、财产损失等严重后果。其中，触电、高处坠落、中毒窒息的情况均与前文工程部现场处置方案基本一致，因此下文不再赘述，仅对燃气泄漏着火进行描述。

2. 危险因素识别

（1）发生场所

燃气泄漏事故一般多发生在室外燃气管线、燃气阀门井、燃气水井、各类调压措施。

（2）危险因素

施工单位未经管网运行部同意，擅自动用机械施工，造成管道损坏泄漏；未对燃气管线进行保护的情况下，长期被重型车辆辗压，造成管道断裂泄漏；地面不均匀沉降引起管线断裂，违章建筑长期占压管线造成管道断裂漏气；暴雨、暴雪等恶劣天气对运行管线破坏造成严重漏气；原有管材或施工过程中存在质量问题，如焊疤、重皮、裂纹或安装应力等，管道长期运行后缺陷发展导致泄漏；调压设施内调压器失灵，造成泄漏；操作不当或燃气设施故障造成燃气泄漏。

3. 事故危险后果分析

燃气泄漏着火事故是燃气行业中最严重的事故，燃气泄漏与空气混合后，一旦未能进行有效控制，当遇到火源能造成爆炸、燃烧、使人窒息死亡，导致设施、设备损坏，居民楼房倒塌，人员伤害。

4. 组织架构及职责

（1）应急组织架构

组长：管网运行部经理

组员：管网运行部其他成员

（2）组长职责

组长的职责主要包括：审查批准启动应急预案；指挥及控制应急抢险工作，保证采取迅速、正确的行动来处理灾情；评估应急事件的严重性以及潜在的危险或影响，并确定采取适当的行动；协调公司相关部门积极配合；及时向上级汇报抢险救援及事故处置进展情况。

（3）组员职责

组员的职责主要包括：接到事故报告后，立即赶赴现场；设置警戒线及维护秩序；现场应急处置；设立安全地点，组织人员疏散、撤离；初期事故情况了解、评估；协助事故现场恢复工作；事故调查；协调消防、公安、医疗等部门的应急处置。

5. 应急处置措施

<table>
<tr><th>处置、操作步骤</th><th>注意事项</th><th>负责人</th></tr>
<tr><td>一、停气操作</td><td rowspan="7">1）一切行动听指挥，抢修人员到达现场应佩戴职责标志。
2）必须穿防静电服、静电鞋，戴手套，使用防爆工具，照明时使用防爆灯具。如果大量泄漏，必须穿隔热服，戴头盔。
3）立即熄灭周围火源。
4）抢修车应停在污染区以外，污染区内禁止车辆行驶。
5）如有紧急情况应及时报告，并立即拨打“119”报警。
6）如抢险无法控制时，迅速疏散人员，扩大警戒线，采取远距离监控。
7）地下金属管道上可能有电流通过（杂散电流、阴极保护装置等），在管子切割或连接时，在间隙处可能因电流通过而产生火花，必须将阴极保护装置断开</td><td rowspan="7">部门领导</td></tr>
<tr><td>1）抢修人员进入泄漏现场，首先检查泄漏情况，对泄漏量较小的可采用临时包扎，更换配件；对泄漏量较大的可采用片区降压处理，进行强制通风</td></tr>
<tr><td>2）抢修人员查阅竣工资料后开挖。开挖前用水浇湿，避免开挖时产生火花</td></tr>
<tr><td>3）当泄漏燃气已渗入周围的建筑物时，应采取强制通风清除</td></tr>
<tr><td>4）开挖深度超过 1.5 m 时，应设置模板支撑，抢修人员应系安全带并有专人监护</td></tr>
<tr><td>5）开挖修漏作业时应配置防护面罩和消防、通风、检测器材</td></tr>
<tr><td>6）对泄漏点进行抢修，必须确认泄漏区燃气不在爆炸极限范围内后方可动火，具体操作可按照带气接口安全操作规程施工，不得违章操作</td></tr>
</table>

续表

<table>
<tr><th>处置、操作步骤</th><th>注意事项</th><th>负责人</th></tr>
<tr><td>7）抢修恢复供气后，应进行复查，确认不存在不安全因素后人员方可撤离事故现场。组织安排巡线人员在作业后对作业点及影响区域加强巡视 3 天</td><td rowspan="7">8）夜间抢修，严禁使用碘钨灯。应采用普通照明灯具。灯具距操作点不宜太近，视风向、泄漏量大小确定安全间距。
9）保持抢修现场的空气畅通，禁止外来火种引入抢修现场。建立以泄漏点为中心，半径 20 m 以上的范围作为施工安全区，并指派专人进行安全监护
10）抢修现场上空有电车架空电缆线时，在正上方应设隔离棚，防止摩擦火星坠落沟内。
11）应事先对靠近抢修现场的建筑物进行逐一检查，是否有明火，并通知居民或有关人员在带气操作时禁止明火接近。
12）燃气管道或设施修复后，应做全面检查与清扫，防止燃气窜入夹层窨井、烟道和地下设施等不易觉察的地方，如有发现应进行强制通风</td><td rowspan="7">部门领导</td></tr>
<tr><td>8）如有必要，应就现场情况向上级部门进行汇报</td></tr>
<tr><td>二、带气操作</td></tr>
<tr><td>1）地下管道带气操作坑应选用梯形沟槽或斜沟槽，并应大于一般操作工作坑的尺寸，使泄漏的燃气及时得到扩散</td></tr>
<tr><td>2）凡带气操作，必须配备二人以上施工人员。大、中型的带气操作工程应配备比正常施工增加一倍的人员，保证带气操作人员能轮流调换</td></tr>
<tr><td>3）在大量燃气外泄或在封闭场所带气操作，施工人员必须佩戴防毒面具，现场配置消防器材，并由专人现场指挥，操作时必须使用防爆工具，工具应轻拿轻放，堆放整齐有序，不许乱丢乱放</td></tr>
<tr><td>4）如有必要，应就现场情况向上级部门进行汇报</td></tr>
</table>

第十三章

智慧燃气

第一节　发展现状

一、概述

清洁能源是国家能源结构优化的重点发展区域，燃气行业的发展前景广阔。能源基础设施集约共享，“碳达峰、碳中和”目标下燃气行业将迎来天然气跨越提升和高质量发展。

随着规模化发展，企业管理难度和安全风险逐渐增加，运行方式和管理模式必须进行改革和提升，在从传统运行模式过渡到数字燃气的基础上，通过新技术及新管理，实现客户服务、管网管理、工程施工、应急抢险、应急储备调度、领导决策等工作智能化。

燃气行业应契合国家整体发展战略，在基础设施互联互通、泛能和综合能源发展、智慧化转型等方面进行更深入的探索和实践。强化政府的宏观调控和统筹职能，构建智慧燃气综合管理系统，提升行业管理及服务水平。

二、行业发展现状

国内智慧燃气目前形成了以SCADA、GIS、EAM、应急调度、客户服务等信息化系统为代表的信息技术应用体系，实现了初步的燃气信息数字化，智慧燃气框架初步形成。在数据监测方面，实现了远程数据采集，监控设备工作状况，反馈故障信息等；在用户服务方面，形成了用户在线服务系统，获得了燃气使用大数据，进一步提高了服务质量；在管网设计维护方面，借助GPS定位系统，实现了管网规划、运行、管理、辅助决策的现代化处理手段。

20世纪90年代以来，燃气行业陆续采用管网数据采集与监控系统（SCADA）、地理信息系统（GIS）、卫星定位系统（GPS）、动态管理模拟系统技术，动态检测管道数据，有效保障管网运行安全。

“十二五”期间，国内很多城市已经建立了燃气信息管理系统，并在“十三五”期间进行了升级，形成了燃气经营企业地理信息专题数据库，实现了对企业（LPG储配站、LPG供应站、门站、调压站、加气站、LNG气化站等）空间信息和属性信息的统一管理，并将属性信息与地理信息有机结合。实现对液化石油气企业的灌装站、供应站远程视频监控，提升了安全管理水平。

“十三五”期间，部分燃气企业开启数字化转型，企业级数字化布局主要围绕以互联网为基础进行信息化基础设施、管理、业务等方面应用、构建统一的数据体系技术层面；以燃气物联网、移动服务的平台搭建；以管网系统、客户服务等功能层面的应用服务。

上述系统构成了燃气行业的数字化基座，成为进一步向智慧化升级的IT基础设施。但是，某些系统相互之间缺乏有效的共享交互机制和渠道，大多为在单一领域发挥有限作用，数据也未能遵照通行标准和模型进行汇集而产生更大价值，存在进一步升级优化的空间，部分业务场景还存在信息化建设空白。

三、燃气企业发展现状

燃气企业主营天然气输送和销售，根据政府授予的特许经营权，负责统一接收进入市域的管道天然气，负责管网的建设及运营。

目前，企业的生产、运营、客户服务、安全管理、应急抢险主要围绕以下五大信息化平台及系统开展。

1. 地理信息系统（GIS）

地理信息系统，指的是全部埋地燃气管线图纸、信息资料都拼接在系统内，实现空间信息的统一直观管理、实时查询，构建了城市地下燃气管网“一张图”。

2. 管网数据采集与监控系统（SCADA）

管网数据采集与监控系统，指的是场站监控，监控场站实时数据，上位系统显示模拟工艺流程界面；远程 RTU，采集大型工商业用户等运行参数；数据分析，用户用气量规律等；与 GIS 系统对接，管网图坐标定位，便于水力分析、抢险应急、自动报警等。

3. 燃气管网巡检管理系统

燃气管网巡检管理系统主要具备基础平台（个人信息、数据填报、地图查询导航等）、智能巡检（查看巡检任务分布、巡查轨迹、设备采集、管网隐患上报处理等）、第三方工地监护（接收指派工地、现场追踪信息、拍摄现场照片等多媒体信息）、设备检查（自动采集坐标、设备定位上传、自动关联上报隐患等）、测漏检查（管线测漏）等功能。

4. 客服系统

客服系统主要负责处理居民业务办理、居民抢修流程系统管理等。

5. 站控系统

站控系统主要负责场站设备24 h巡检、运行参数实时监控反馈、泄漏报警、火灾报警、事故判别及紧急切断、视频上传、突发情况调度中心远程操作等。

第二节　发展趋势及关键因素

一、发展趋势

提升专业化服务水平，构建安全、和谐、绿色、智能发展新生态是智慧燃气新时期发展趋势。

智慧燃气发展将实现以燃气为核心能源的多种能源协调供应的安全；以便提前预判风险，采取合理措施，避免安全事故，以燃气为主的城市能源系统运营安全；以用能体验实现智能本质安全，确保用户的生命、财产安全。

智慧燃气发展将实现基于智能气网，利用云能网，建立分布式微网群为主体的能源体系；城市能源基础设施设计风格与环境人居融合的设施与城市建设和谐；以大数据技术、充分利用AI和云技术，实现城市综合管理数据融合的数据和谐。

智慧燃气发展将实现以燃气为载体的多种绿色能源耦合供应，实现城市主体能源供应的高效、绿色供能；采用分布式等新型用能方式，实现城市用能的高效绿色用能；能源供应和城市规划节能相统一实现绿色城市。

智慧燃气发展将实现建设、生产、运营、服务全环节智能管理；气源、输气、配气、调压、用气全产业链智能控制；透彻感知+

互联通信+大数据平台+智慧大脑构建智慧能源系统。

二、关键因素

1. 传感器

设置遍布燃气系统的全面广泛的传感器。包括压力、温度、流量、组分、振动、液位、阀位等广泛的状态感知。

2. 综合数据平台

综合数据平台，融合城市综合管理数据，实现数据共享。包括地理信息、基础、业务、客户、气象数据等。

3. 大数据分析

基于大数据分析，集成专家系统实现科学运营。包括专家系统、智能调度、静态仿真、动态仿真、智能控制等。

4. 人工智能技术应用

应用人工智能技术实现城市能源企业智能决策。包括城市能源供应自动化、智能化企业运营管理智慧决策。

5. 多网融汇

公有/私有网、卫星通信、语音通信等多网融汇。包括光纤、NB、Zigbee、4G、5G、卫星等通信技术。

6. 多能源体系设施综合调控

围绕燃气核心的多能源体系设施综合调控。构建源、储、输、配、调、用的燃气输配系统分布式能源、燃气锅炉房、CNG站、生物质气等。

三、评价等级

根据中国城市燃气协会智能气网专业委员会提出的“智能燃气”发展路径，一般认为，一个组织是沿着信息化、数字化、智慧化的方向进行演化，具体分为6个级别，如图13-1所示。国内燃气行业的整体智慧化水平正处于从L2升级到L3的数字化转型关键时期。

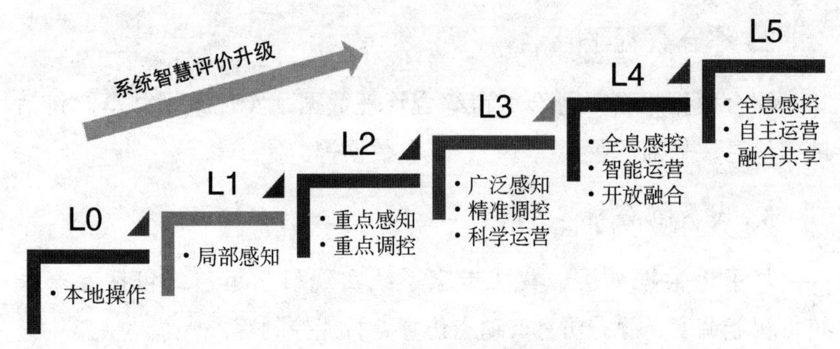

图13-1 “智能燃气”发展路径

1）推进智慧燃气基础设施建设，打造智慧燃气运行平台，实现信息技术与燃气技术的深度融合，运用大数据、物联网等技术，提高燃气资源的优化配置能力。

2）聚焦安全生产、管网调度、销售服务、延伸业务等，按照场景化设计和建设方式，构建新型智慧应用，满足功能性、创新性业务需求。

3）形成一系列技术、管理标准，引领行业健康发展。

4）构建燃气信息管理系统、架构及管理机制，实现对燃气安全的监管和调控。对企业级信息管理系统予以提升和完善，实现两级架构衔接。

5）建设燃气信息管理系统平台，实现监控管理的子系统融合。

以智能管网和智慧场站为业务智慧提升核心，做强平台、重构关联，积极推进新建高压管网及场站子系统建设，改造提升原有设施水平。搭建客户服务管理平台、物联网数据采集运营和分析平台。

第三节　系统构成

一、燃气信息管理系统

包括对 LPG 储配站、LPG 供应站、门站、调压站、加气站、LNG 气化站等空间信息和属性信息的统一管理，并将属性信息与地理信息有机结合，对企业及所属场站等空间信息和自然属性数据的存储、编辑、查询、分析、显示、统计及输出。对液化石油气企业的灌装站、供应站远程视频监控。

二、用户信息管理系统

城市燃气用户信息管理系统，信息包括用户类别、地址、联系电话、开/销户时间、使用状态、安全状况、服务协议等。系统提供相应的信息数据导入和编辑功能，数据信息由各燃气企业即时录入和更新，包括瓶装液化石油气用户和管道燃气用户。

该系统可与用户安全智能表信息管理系统相衔接，实时掌握用户用气量和用气压力数据，在非正常运行状态下激发本地泄漏报警、超压切断等安全联锁措施，并通过管理系统发出远程警报，提示企业进行排险维修，同时向用户的移动通信设备发出提示信息。

三、SCADA 系统

SCADA 系统主要是基于各燃气企业 SCADA 系统的数据支持，系统将全域所需的分钟级 SCADA 数据集中汇总，并进行标准化处理和储存，以图形化和表格化方式展现即时数据，生成即时报表，同时提供对历史数据的查询和分析。作为小时级系统的重要补充，为燃气调度的管理提供更为全面和准确的决策依据。

四、GIS 系统

GIS 系统是以地理信息系统为基础平台，将燃气企业的管网或设施数据信息进行共享整合，通过直观图形界面、完善的属性数据和成熟的数学分析模型，实现空间基础数据和非空间基础数据的结合，在统一的 GIS 应用平台上进行应用和分析，为燃气管网和设施的管理提供快速、系统和简洁的各种信息服务；为应急、调度工作提供直观指导和辅助支持。例如，爆管分析、管网连通性分析等功能对调度、应急工作的快速反应、科学决策提供了强有力的系统支持。

GIS 系统采集数据信息包括燃气设施的基本信息和空间位置，并能够对信息进行管理和查询。纳入系统的燃气设施类别包括所有天然气门站、调压站、输配管网，液化石油气储配站、供应站，并能够与 GPS 车辆监控系统衔接和配合，共同完成对 LPG、LNG 运输车辆和燃气抢险维修车辆的监控和调度。

五、钢瓶身份识别系统

液化石油气钢瓶识别系统，是通过采用 IC 卡芯片或射频标签作为钢瓶的身份标记，并将《液化石油气钢瓶定期检验与评定》（GB

8334）规定的钢瓶制造单位名称代号或制造许可编号、钢瓶编号、制造年月、公称工作压力、水压试验压力、钢瓶重量、公称容积、瓶体设计壁厚、上次检验日期（年、月）及检验单位或代号等信息录入身份识别系统服务器数据库，系统具备甄别钢瓶检验信息是否在有效期内和检验结果是否合格的功能，并对不符合要求的信息显示报警提示。

身份识别系统具备公共查询功能，用户可通过电话、短信或网络等途径查询钢瓶的身份信息，鼓励用户对违规钢瓶进行投诉举报，打击非法钢瓶和不合格钢瓶的使用。

六、液化石油气瓶装气配送系统

以钢瓶运输配送车辆、到户配送服务人员的GPS定位和钢瓶流转信息采集相结合的钢瓶流转配送系统，并纳入液化石油气网络销售平台以及全市智能燃气信息平台。

通过移动便携式终端设备，配套钢瓶身份识别系统对各个环节中钢瓶流转的信息（如钢瓶从储配站、供应站出入库信息、用户的订购和接收信息、配送车辆和配送人员携带钢瓶的集散信息等）进行采集和监视。同时对钢瓶运输配送车辆和到户配送服务人员进行GPS定位，其移动和停泊信息能够在GIS系统中即时显示。

钢瓶流转配送系统能够保证钢瓶的流转过程处于监督和控制之中，是瓶装气流动配送体系的核心系统。

七、车辆GPS监控系统

车辆GPS监控管理系统主要由GPS定位监控系统、数据管理系统、查询系统以及车辆监控指挥中心和车载终端组成。系统支持在

GIS 上显示各单位应急、危险品运输车辆位置、运行情况及轨迹回放、路径查询功能。终端在公网通信 GPRS 平台上进行信息数据调度通信，系统呈现星型结构，在每个燃气企业的分控中心都配备有各自的通信服务器及数据库服务器。各企业各自管理下属车辆，各企业监控车辆的管理相对独立不受影响。各企业通信服务器在收到所管辖的车机的定位信息的同时将该信息的一个副本发向监控指挥中心的通信服务器，每个企业的数据库与调度中心数据库互为备份。

GPS 车辆监控系统与 GIS 系统衔接和配合，共同完成对 LPG、LNG 运输车辆和燃气抢险维修车辆的监控与调度。抢险维修车辆还应配置移动通信方式的视频监控设备，在抢险维修过程中实时向监控中心远传视频数据，确保抢维过程中处于严格受控状态。

八、应急抢险处置系统

建立燃气应急抢险处置系统，是为处置突发燃气事故而建立的统一应急调度管理系统。为了快速、及时处理燃气事故，随时了解、掌握事故处理的全过程，提高应急处理事故能力，建立系统，利用目前先进的信息网络优势，将接到的燃气事故报警信息，快速、准确、及时地送达各相关职能部门和燃气企业，以便及时处理各项燃气事故并反馈处理结果，具体如图 13-2 所示。

由系统提供中心应急接报处理、中心应急信息处理、中心应急指挥、中心信息披露和管理、急修中心接报处理、急修业务处理等功能。系统与报警电话联动接警，也可通过全市统一的燃气客户服务电话接警，接警后迅速将事故信息登录在系统中，同时及时传送到抢险应急机构，将其操作信息进行实时登记，及时将汇报内容登记在系统中，建立新闻发布档案、成立应急预案小组，记录预案小组的指挥内容、专家组的相关意见和建议，及时将相关内容通过短

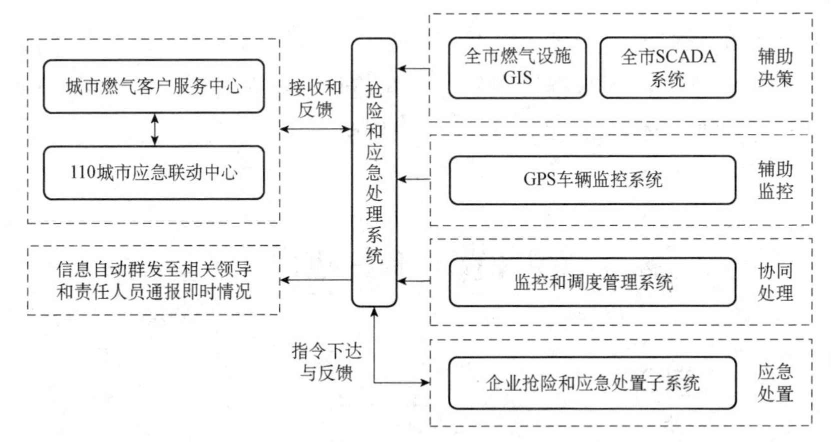

图 13-2　应急抢险处置系统管理示意图

信息子系统等方式向相关领导汇报，对事故进行实时跟踪处理、对各种工作进行汇总形成相关报表以及完成对系统的基本信息管理。

九、燃气调度管理系统

燃气调度管理系统通过在燃气设施站点安装监控装置，并与燃气企业的视频监控系统、SCADA 系统和车辆 GPS 监控系统相衔接，实时掌握各类气源的储备情况、各重要燃气设施运行情况、各类燃气运输车辆的行驶情况，并在发现异常状况后，系统及时进行告警，政府管理部门可调度相关燃气企业及时处理。

燃气调度是燃气生产经营的重要日常工作之一。随着科技进步和管理要求的提高，对燃气调度的要求，已从单纯的日常安全调度，发展到参与制定长期规划、提高调度经济性、控制燃气用量、应对突发事件等多个领域。要求调度系统有相应的功能模块与之匹配。

燃气调度管理系统是辅助调度中心工作人员管理全域储备资源、应急调峰调配以及预测燃气使用、安排生产计划的综合系统，它应能为各燃气企业提供实时的燃气生产和调度信息，并在各种生产数据的基础上，提供生产数据的统计分析和预测，为工作人员提供科学管理生产的数据模型的小时级信息。该系统用于管理燃气供需组织调配，实现全市生产和供应的平衡。

第四节　平台建设

一、目标

基于地理信息系统、物联网、网络、视频监控等技术为城市打造智慧、严谨、科学、长效的创新型、服务型管理新模式。

实现燃气的监、控、管、办公、应急一体化，全面有效监测、监控、监管燃气，实现智能化、自动化、实时化与安全化燃气办公管理，在应急指挥层面做到科学决策与应急处置，提高燃气智慧化管理水平。

二、平台架构

平台总体按感知层、网络层、数据层、服务层、应用层等分层架构进行构建，如图 13-3 所示。

1. 感知层

感知层是燃气系统具有测量、传感、通信、控制等功能的终端设备，如门站、调压站、LNG 储罐等的探测器、报警器、传感器及视频监控器等，可通过网络实时传输至监控平台，并定位和提供属性信息。

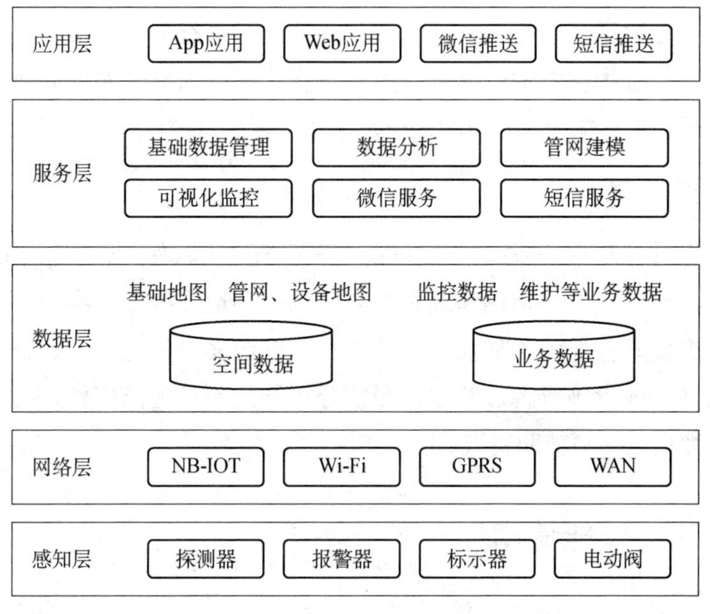

图 13-3 平台架构

2. 网络层

网络层可通过 NB-IOT、GPRS 等技术采集终端信息。基于 NB-IOT 应用的物联网数据采集、传输，实现了实时、安全、低成本采集，实时监控和远程控制。

3. 数据层

数据层以管线信息和终端信息等为中心，包含地理信息、空间数据等，围绕用户需求，建立综合数据池。平台采用大数据与云计算等，将多来源、不同格式的海量数据进行采集、存储和关联分析，以数据为核心进行数据分析、挖掘和专题建模，为应用提供服务。

4. 服务层

服务层主要由基础数据管理、管网建模、可视化监控等模块组成。基础数据管理提供内部通道，将子服务进行数据连通，提供动态更新、维护、查询、分析服务。管网建模利用 GIS 对空间数据进行分析，提供空间拓扑结构分析及地图可视化监控。

5. 应用层

应用层为 PC 和移动终端可视化展示的应用软件集合。以 GIS 为支撑，以矢量电子地图和遥感影像作为基础地图数据，结合监测数据并围绕具体业务，如安检、维护，实现图文一体化展示、查询。可实现管线设施查询、管理，预警分析与抢险，智能安检、报表分析、数据挖掘与辅助决策功能。

三、智能管网

随着大数据、物联网、云计算、人工智能的发展，管网运营管理模式转变，数字化管道逐步向智能化管道发展，以大数据分析、数据挖掘、决策支持、移动应用等方式管理。智能管网采用大数据建模的分析理念，提供成熟可靠的一体化解决方案。

通过物联网平台对安全风险点全面监控，信息全面共享；通过大数据建模，实现设施数据的实时分析处理，保障生产安全。智能管网贯通上下管理环节，实现管网运行事先优化预测、事中实时监测、事后全面分析的闭环管理，突出管网经济高效的目标。

1. 全生命周期方案

（1）建立管网全生命周期数据标准

为确保数据完整性及可重复应用，需构建数据标准和规范。在管道全生命周期内，各类业务产生、传递、共享、应用数据信息形成完整数据链。

（2）构建管网全生命周期数据库

管网全生命周期管理定义：在管网规划、可行性研究、初步设计、施工图设计、工程施工、投产、竣工验收、运维、变更、报废等整个生命周期内，整合各阶段业务与数据分析，建立统一模型，实现管网全业务、全过程信息化管理。

构建管网数据模型，以设计和运行为主，将数据加载到数据模型上，对本体和周边环境数据、地理信息数据、业务活动数据和生产实时数据等进行存储和利用，实现物理管道和数字管道模型的融合。

（3）全生命周期智能管网设计

智能设计是支持全生命周期管理的有效信息创建技术，借助协同管理技术，实现多地域、多专业、多方参与的高效工程信息共享和协同工作。

设计阶段开始创建数据源，经过运行阶段后最终完善，过程均为结构化数据。结构化数据避免了各阶段数据不统一、不可溯源的弊端，提高了数据完整性和可靠性。在业务流转过程及环节中无论是管理实体的变化还是空间、时间的改变，均能通过统一编码机制进行结构化数据的追溯。

通过对结构化数据模型的统一约束及规定，做到数据一次录入，各阶段、各使用方多次利用，提高了数据使用的效率，通过移交、传递降低了数据录入、核对、校验等综合成本。不同阶段的数据均来自管道全生命周期管理数据库，从设计阶段开始到采购、施工、运行，达到了数据的共享、取用、完善、再共享。

设计是全生命周期的源头，所涉及的结构化和非结构化数据是最多的、最重要的，设计数据数字化也是最容易实现的。数字化平台设计能够为工程后续阶段提供可靠保障，故应重视管道全生命周期数字化平台设计的核心作用，以软件、设计手段为依托，实现数字化、信息化管理。

（4）搭建基于 GIS 的全生命周期智能管网平台

基于云架构建设数据中心、应用平台和共享服务系统，形成统一的一体化平台，构建管道建设与运营业务应用功能，满足业务需求。

（5）施工管理

施工数据采集录入管理。入库数据既要满足完整性、合规性、可靠性、外延扩展性等，又要满足空间数据和属性数据的关联正确及融合精度，如遥感、航测、地形及工程数据等。建设过程可视化管理。以空间图像、照片为手段，有效记录施工过程。

工程数据数字化移交。以全生命周期数据库的方式进行移交，便于管网运行管理查询和调用技术参数、设备属性，为应用系统提供基础数据。

（6）管网运维管理

开发基于 GIS 的运维管理模块，实现运维期全生命周期的闭环管理，满足完整性管理要求，实现数据采集、高后果区识别、风险评价、完整性评价、修复与减缓、效能评价的全过程管理。

2. 管网数据挖掘与决策支持

（1）应急决策支持

发挥系统应急指挥和应急决策支持的作用，实现应急情况下对管道基础数据和周边环境数据的及时调取，自动计算疏散范围，自动输出应急预案、应急处置方案，优化抢修物资和抢修队路由，实现一键式应急处置方案文档输出。

（2）大数据决策支持

系统大数据来源包括实时、历史、系统及网络数据等，类别为腐蚀、建设、地理、设备、监测、运营、市场数据等。大数据通过信息集成、分析模型解决当前泄漏、腐蚀、地质灾害影响、第三方破坏等数据应用，获得腐蚀控制、灾害管理、运营控制等综合性分析结论。

（3）焊缝大数据风险分析

通过大数据分析可以发现焊缝缺陷或隐含问题。基于 X 射线图像，可对缺陷的特征进行提取和自动识别。采用图像增强、迭代阈值图像、SVM 分类器方法进行特征提取、分类识别，筛选缺陷。

（4）基于物联网监测的灾害预警

系统能够实时监测地质灾害区、高后果区管道应力、应变状态，包括应变、温度、位移、土压监测，及时报警，形成监测网，如图 13-4 所示。

图 13-4　地质灾害远程监控

（5）管道泄漏实时监测

以 SCADA 系统或负压波、光纤等的实时数据为基础，系统可检测数据异常，分析是否为泄漏。系统发现泄漏点后，将立即发出警报并显示数据。

（6）远程可视化巡检培训

通过积累管网典型故障与隐患案例，建立故障隐患数据库，利用三维可视化技术进行三维重建，人员可在虚拟环境中巡查摸排设定的故障隐患，熟悉典型故障和处理方法。

（7）移动应用

移动应用使管理者与系统紧密结合，可在第一时间开展突发事件处置、在线管理，及时了解管道运行动态。

第五节　智慧场站

一、主要特征

智慧场站建设要考虑功能需求的变化和应用技术的快速发展，系统性能具有开放性、标准化、可扩展、性价比高等特点，确保建成技术先进、实用可靠、经济合理的智慧场站。智慧场站建设，基于先进的图像分析技术、物联网技术为用户提供一套“设备网络化、监控智能化、管理科学化、数据可视化”的综合控制系统。系统具备以下特征：

1）系统具备高可靠性、高开放性特征。可采用成熟设备提高系统的可靠性和稳定性。

2）具备高智能化、低码流、高集成度的特征。

3）具备快速部署、及时维护的特征；可采用高集成化、模块化设计的设备，提高系统部署效率，缩短调试周期，快速响应。

二、主要功能

1. 对场站“环境”的监管

实现对场站环境的安全管理，对安防监控设备进行整合、升级，通过软件管理平台，对各安防分项进行集中式控制和管理，包含统一的数据管理与操作管理，实现各业务整合与联动。在平台基础上，可开发移动端 App，利用移动端 App 与 PC 端管理软件无缝衔接，使人员随时掌控场站环境安全，达到安全监控数据可视化。

环境的监管，可分为周界安防、视频监控、现场可燃气体检测等，子系统的协调联动可将场站打造成全方位、无死角的透明场站。

2. 对场站“物”的监管

实现对场站“物”的安全管理，将 GIS、SCADA 等系统中设备传感器数据纳入管理平台，实现对设备全方位的监管，对压力异常、阀门状态异常等问题可做到统一预警与管理。实现智慧化管理，将多个系统进行集成，是对场站自动化联动功能拓展的基础条件。

通过对“物”的监管，可有效降低场站人员数量，如可通过视频监控，定时拍摄工艺区压力表或流量计，根据算法识别数值并与 SCADA 系统采集数据进行比对，替代人工巡检，如图 13-5 所示。

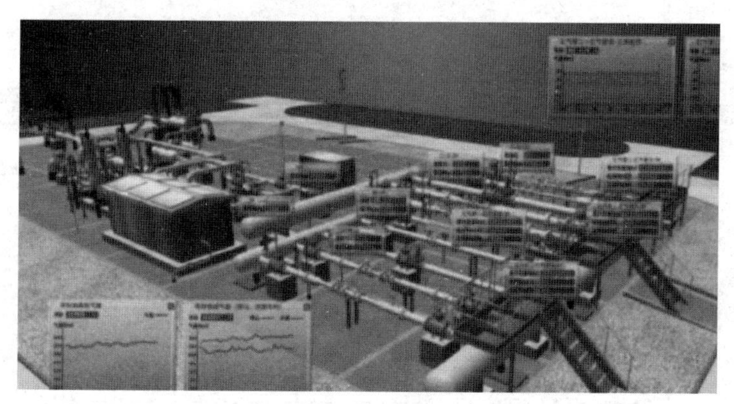

图 13-5　三维仿真检测

3. 对场站“人”的监管

实现对场站“人”的安全管理，将智能硬件纳入平台，将人脸识别、入场人员安全装备检测、人员定位、人员状态监测纳入统一安全监管，对工作人员进行安全管理和引导。可通过视频监控结合算法，分析监控工艺操作，当被确认为错误操作时，系统自动发出警报，提示操作人员并对现场设备发出“自锁”指令，确保现场安全。

三、信息化标准建设

为加强场站全过程安全管控，提高工作效率，减少人员数量，需制定智慧场站建设管理规范及标准。智慧场站的信息化建设应与工程设计统一规划，可一次建成，也可分步实施。智慧场站的信息化建设应具有安全性、可靠性、开放性、扩展性。

智慧场站信息化建设中使用的设备必须符合法规和强制性标准要求，并经法定机构检验或认证合格。应具备实时采集与监测运行数据及根据运行数据进行分析、控制的功能。宜具备负荷预测、管网自动化控制的功能，实现优化调度，如图 13-6 所示。

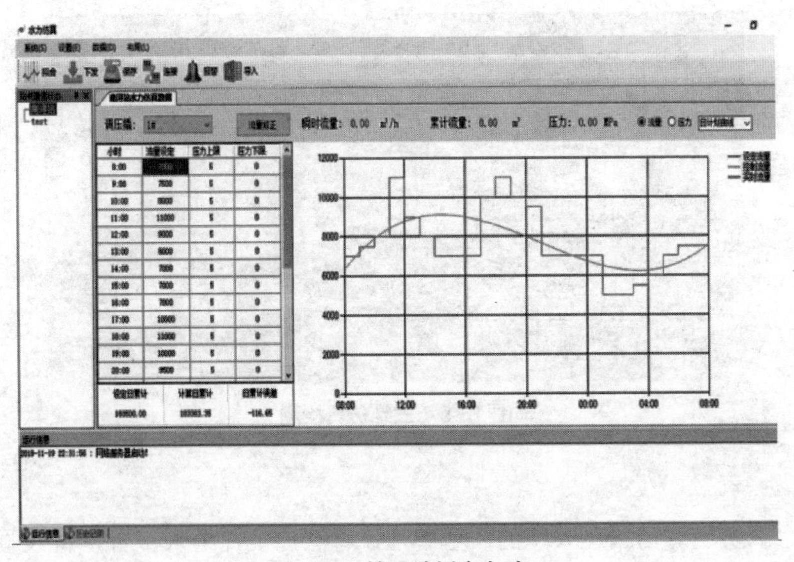

图 13-6　输配计划全自动

智慧场站信息化系统运行环境应满足对防震、防爆、防火、防雷、防尘、防水、防腐、防电磁干扰、防第三方侵入的要求。建设和运维具备安全防护和应急措施，并符合国家信息安全管理要求。

智慧场站的信息化建设应提升场站运营的安全性、适应性和经济性，从传统场站转型为智能化场站。应遵循建设标准化、信息一体化、功能模块化的原则，基于先进的图像分析技术，物联网技术为用户提供了一套“设备网络化、监控智能化、管理科学化、数据可视化”的综合控制系统。

燃气智慧场站的建设，可有效提高燃气公司日常信息管理工作和应急处置效率，以便更好发挥场站在城燃系统中的调度作用。

参考文献

[1] 陈利琼. 城市燃气安全管理[M]. 北京：石油工业出版社，2015.
[2] 彭世尼. 燃气安全技术[M]. 重庆：重庆大学出版社，2015.
[3] 戴路. 燃气供应与安全管理[M]. 北京：中国建筑工业出版社，2008.
[4] 段常规. 燃气输配[M]. 北京：中国建筑工业出版社，2015.
[5] 李春德. 燃气管网运行工（下册）[M]. 北京：石油工业出版社，2016.
[6] 徐小羽. 户内燃气安全风险评价体系研究[D]. 哈尔滨：哈尔滨工业大学，2018.
[7] 陶烨. 城市燃气安全事故原因分析和防范措施研究[D]. 重庆：重庆大学，2016.
[8] 孙桐. 城市燃气管网管道腐蚀试验及网络运行安全风险评估[D]. 上海：同济大学，2020.